现代创意新思维 DESIGN 十二五高等院校 艺术设计规划教材

3ds Max
三维动画制作
项目式教程

王馨民 主编
马红霞 刘照然 副主编

人民邮电出版社

北 京

图书在版编目（ＣＩＰ）数据

3ds Max三维动画制作项目式教程 / 王馨民主编. --
北京 : 人民邮电出版社，2015.2（2022.12重印）
（现代创意新思维）
十二五高等院校艺术设计规划教材
ISBN 978-7-115-37748-7

Ⅰ．①3… Ⅱ．①王… Ⅲ．①三维动画软件－高等学
校－教材 Ⅳ．①TP391.41

中国版本图书馆CIP数据核字(2014)第281864号

内 容 提 要

本书是一本主要介绍三维模型及动画制作技术的实例类图书。

全书分基础篇、提高篇和实训应用篇3个部分，共 8 个子项目。内容包括步入三维动画殿堂——了解三维动画概况、熟悉 3ds Max 工作界面——进入三维的世界、制作现代简约式玻璃茶几——二维图形修改建模、制作优盘——三维模型修改建模、翻滚的圆柱——使用"曲线编辑器"改进运动、冲击波喷射——多种特效完美表现、绚丽的标题文字——材质也能变魔术、片头设计制作——综合手法来表现等，从实用角度出发，以由简入繁的典型案例为载体，介绍了运用 3ds Max 和 VRay 进行三维设计与制作的流程和方法。

本书适合作为广告设计与制作、动画设计与制作、新媒体等影视设计类专业教材，也可供广大读者自学参考。

◆ 主　　编　王馨民

副 主 编　马红霞　刘照然

责任编辑　桑　珊

责任印制　杨林杰

◆ 人民邮电出版社出版发行　　北京市丰台区成寿寺路 11 号

邮编　100164　 电子邮件　315@ptpress.com.cn

网址　http://www.ptpress.com.cn

固安县铭成印刷有限公司印刷

◆ 开本：787×1092　1/16

印张：9　　　　　　　　　2015 年 2 月第 1 版

字数：183 千字　　　　　　2022 年 12 月河北第 9 次印刷

定价：45.00 元(附光盘)

读者服务热线：(010)81055256　印装质量热线：(010)81055316
反盗版热线：(010)81055315

前言 Preface

  三维动画制作技术在数字媒体和影视广告行业中有着广泛的应用，是有效树立产品整体形象、彰显品牌风格特色、争取和吸引观众的重要途径和手段。3ds Max是一款功能强大的三维动画制作软件，是目前市场上最流行的三维造型和动画制作软件之一。3ds Max以其强大的功能，在广告、建筑、工业造型、动漫、游戏、影视特效等方面都得到了广泛的应用。

  本书以适应工学结合教学改革的需求为目标，结合作者多年的三维动画制作课程教学经验，从实用角度出发，以由简入繁的典型案例为载体，介绍了运用3ds Max和渲染引擎VRay进行三维设计与制作的流程和方法。

  本书属于实例教程类图书，采用案例驱动的教学方式，全书分基础篇、提高篇和应用篇3个部分共8个子项目，每个项目中的内容都采用以实例讲解概念的方法，由实例引导并展开相关的知识点和操作技能的介绍。

  本书集通俗性、实用性和技巧性为一体，由浅入深、循序渐进地讲解3ds Max的各个功能模块。为了提高读者的学习兴趣和创造力，本书提供了多个制作过程详尽的实例，每个实例都具有较强的针对性，读者可以按照步骤完成每个实例。此外，为了巩固和拓展各个知识点的理解和应用，每章后有扩展任务供读者操作练习。

  本书附带教学光盘，其中包含了书中所有文件的素材源文件及部分视频教程等。PPT等相关教学资源可登录人民邮电出版社教学服务与资源网（www.ptpedu.com.cn）免费下载使用。

  本书由邢台职业技术学院王馨民任主编，邢台职业技术学院马红霞、刘照然任副主编。编写分工如下：马红霞编写第一章，刘照然编写第二章，王馨民编写第三至第八章。

  由于编者水平有限，书中难免存在疏漏之处，希望得到广大读者和同行的批评指正，联系方式E-Mail：xinmin1212@sina.com。

编者
2014年11月

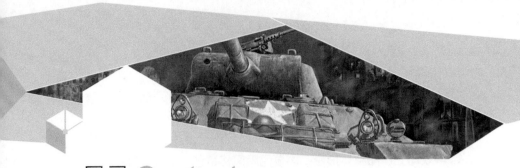

目录 Contents

3ds Max　基础篇

3ds Max 提高篇

目录 Contents

3ds Max

基础篇

  3ds Max是目前应用最为广泛的三维动画类软件之一，广泛应用于广告、影视、工业设计、建筑设计、多媒体制作、游戏、辅助教学以及工程可视化等领域。学习3ds Max应按照由简入繁、循序渐进的方式进行。在基础篇当中，对3ds Max软件的基本概念、软件的工作界面等做了详细的介绍，并且在最后还列举了一个简单的建模案例，让读者能够感觉到软件建模的乐趣所在。

游戏动画

建筑模型

片头动画

角色模型

01 步入三维动画殿堂——
了解三维动画概况

学习目标

通过本篇的学习和实践，学生应对三维动画有一个初步认识，掌握三维动画基本概念，掌握三维动画制作流程，了解三维动画所涉及的专业领域。要求能够对3ds Max的工作界面有所认识，并能够按照制作流程完成简单练习

任务概述

中国影视动画行业蓬勃发展，政府每年投入巨资支持动漫产业基地的建立，世界知名动画公司，如迪斯尼、梦工厂等，都纷纷来到国内创办分公司。原创项目、外包项目应接不暇。如今，动画师已经成为计算机图形学（CG）行业最紧缺的岗位之一。三维动画制作是时下设计行业必须掌握的技能之一，中国的三维动画在不断发展壮大，动画行业已经逐渐从传统的二维模式转到三维模式，三维动画的时代已经到来。本章逐步引导初学者进入三维动画的殿堂，使学生重点掌握三维动画的应用及制作流程，对三维动画发展前景和趋势有初步的认识。

1.1 三维动画基本概念

三维动画又称3D动画，是随着计算机软硬件技术的发展而产生的一新兴技术。设计师在三维设计软件中按照要表现对象的比例建立模型以及场景，再根据要求设定模型的运动轨迹、虚拟摄影机的运动和其他动画参数，最后按要求为模型赋上特定的材质，并打上灯光。当这一切完成后就可以让计算机自动运算，生成最后的画面。

1.2 三维动画应用领域

这种利用三维动画技术模拟真实物体的方式被广泛用于各个行业，成为一个有用的工具。由于其精确性、真实性和无限的可操作性，在医学、教育、军事、娱乐等诸多领域都有大量应用，如图1-1所示。

● 教育应用

● 军事应用

图1-1 三维动画在其他行业的应用

在影视制作方面，三维动画技术给人耳目一新的感觉，因此受到了众多客户的欢迎。除了三维动画片，在影视特效创意、前期拍摄、特效后期合成等过程中也均能见到三维动画的影子，如图1-2所示。

● 影视特效

● 影视广告

● 动画片

图1-2 影视动画应用

在虚拟现实方面，三维制作技术在旅游、房地产、园林景观、博物馆等行业项目的展示及宣传上也发挥了越来越大的作用。虚拟现实最大的特点是用户可以与虚拟环境进行人机交互,将被动式观看变成更逼真的体验互动,如图1-3所示。

● 图1-3 虚拟现实演示

1.3 三维动画制作流程

根据实际制作流程,一个完整的影视类三维动画的制作总体上可分为前期制作、动画片段制作与后期合成三个部分,如图1-4所示。

1.前期制作

是指在使用计算机制作前对动画片进行的规划与设计,主要包括:文学剧本创作、分镜头剧本创作、造型设计、场景设计。

(1)文学剧本,是动画片的基础,要求将文字表述视觉化即剧本所描述的内容用画面来表现,不具备视觉特点的描述(如抽象的心理描述等)是禁止的。

(2)分镜头剧本,是把文字

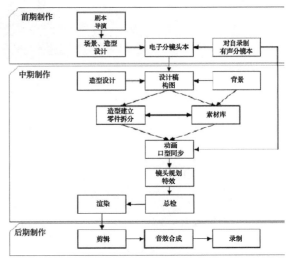

● 图1-4 三维动画制作流程

进一步视觉化的重要一步,是导演根据文学剧本进行的再创作,体现导演的创作设想和艺术风格,分镜头剧本的结构是图画+文字,表达的内容包括镜头的类别和运动、构图和光影、运动方式和时间、音乐与音效等。其中每个图画代表一个镜头，文字用于说明如镜头长度、人物台词及动作等内容，如图1-5所示。

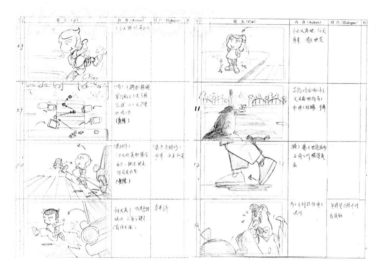

● 图1-5
分镜头脚本

（3）造型设计，包括人物造型、动物造型、器物造型等设计，设计内容包括角色的外型设计与动作设计，造型设计的要求比较严格，包括标准造型、转面图、结构图、比例图、道具服装分解图等，通过角色的典型动作设计(如几幅带有情绪的角色动作体现角色的性格和典型动作)，并且附以文字说明来实现，如图1-6所示。

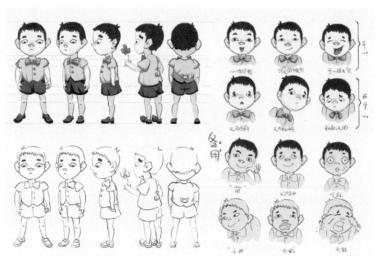

● 图1-6
造型设计

（4）场景设计，是整个动画片中景物和环境的来源，比较严谨的场景设计包括平面图、结构分解图、色彩气氛图等，如图1-7所示。

● 图1-7 场景设计

2.片段制作

　　根据前期设计的要求，在计算机中通过三维软件制作出动画片段，流程大致为创建模型、赋予材质、建立灯光、设置动画、控制摄影机、场景渲染等。

　　（1）建模，是动画师根据前期的造型设计，通过三维建模软件在计算机中绘制出角色模型。这是三维动画中很繁重的一项工作，需要出场的角色和场景中出现的物体都要建模。建模的灵魂是创意，核心是构思，源泉是美术素养。

　　（2）材质贴图，材质即材料的质地，就是把模型赋予生动的表面特性，具体体现在物体的颜色、透明度、反光度、反光强度、自发光及粗糙程度等特性上。贴图是指把二维图片通过软件的计算贴到三维模型上，形成表面细节和结构。

　　（3）灯光，目的是最大限度地模拟自然界的光线类型和人工光线类型。灯光起着照明场景、投射阴影及增添氛围的作用。

　　（4）摄影机，依照摄影原理在三维动画软件中使用摄影机工具，实现分镜头剧本设计的镜头效果。画面的稳定、流畅是使用摄影机的第一要素。摄像机的位置变化也能使画面产生动态效果。

　　（5）动画，根据分镜头剧本与动作设计，运用已设计的造型在三维动画制作软件中制作出一个个动画片段。动作与画面的变化通过关键帧来实现，设定动画的主要画面为关键帧，关键帧之间的过渡由计算机来完成。三维软件大都将动画信息以动画曲线来表示。动画曲线的横轴是时间(帧)，竖轴是动画值，可以从动画曲线上看出动画设置的快慢急缓、上下跳跃。三维动画的动是一门技术，其中人物说话的口型变化、喜怒哀乐的表情、走路动作等，都要符合自然规律，制作要尽可能细腻、逼真，因此动画师要专门研究各种事物的运动规律。如果需要，可参考声音的变化来制作动画，如根据讲话的声音制作讲话的口型变化，使动作与声音协调。对于人的动作变化，动画制作系统提供了骨骼工具，通过蒙皮技术，将模型与骨骼绑定，易产生合乎人的运动规律的动作，如图1-8所示。

● 角色建模

● 材质贴图

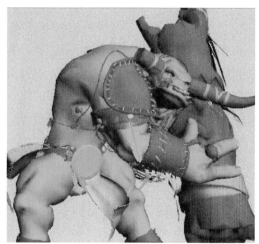
● 动作设定

● 渲染成片

图1-8 角色动画制作流程

（6）渲染，是指根据场景的设置、赋予物体的材质和贴图、灯光等，由程序绘出一幅完整的画面或一段动画。三维动画必须渲染才能输出，造型的最终目的是得到静态或动画效果图，而这些都需要渲染才能完成。渲染是由渲染器完成，通常输出为AVI类的视频文件。

3.后期合成

影视类三维动画的后期合成，主要是将之前所做的动画片段、声音等素材，按照分镜头剧本的设计，通过非线性编辑软件的编辑，最终生成动画影视文件。三维动画的制作是以多媒体计算机为工具，综合文学、美工美学、动力学、电影艺术等多学科的产物。实际操作中要求多人合作，大胆创新、不断完善，紧密结合社会现实，反映人们的需求，倡导正义与和谐，如图1-9所示。

● 合成场景之前　　　　　　　　● 合成场景之后

图1-9 合成场景前后对比

 1.4 三维动画发展前景

三维动画正在国内迅速发展，我们在电视广告、动画片、电影中经常能看到三维动画设计的元素，在广告、影视、游戏等行业中，三维动画创作人才都是非常抢手的"香饽饽"。全国各地动画公司纷纷建立，动画公司求才若渴，网络上随处可见三维动画人才的招聘信息。据统计，现在国内三维动画人才缺口至少还有400万！"人才饥渴症"困惑着游戏、动画业。以月薪8000元的优厚条件却难找到合适的游戏、动画专才。优秀人才年薪10多万元甚至50万元。动画设计师、3D多媒体艺术设计师、游戏动画设计师作为最令人羡慕的新兴职业，可以将自己的想象艺术造诣和技术结合起来，工作和兴趣结合在一起，成为很多年轻人羡慕的工作。

三维动画人才已经成为国内市场迫切需求的高薪、高技术人才，资料显示，动画行业是未来最受欢迎的高薪职业之一。

1.5 三维动画最新趋势

从2000年到2014年，中国的计算机三维动画行业发展迅猛，已经可以在三维动画的基础之上，制作出类似增强现实、虚拟现实、全息投影、3D动画、裸眼3D等相关产品。与一些动画制作强国比，我国的三维动画在制作水平和运营上都有较大差距，也存在着更多的机遇，图1-10示出了一些动画新趋势。

● 增强现实　　　　　　　　　● 全息投影

图1-10 动画新趋势

扩展任务

　　3ds Max软件安装比较麻烦，了解和掌握安装软件的方法是保障学好动画的基础。3D的版本较多，但安装方法大同小异，可重点掌握自己学习版本软件的安装，如图1-11所示。

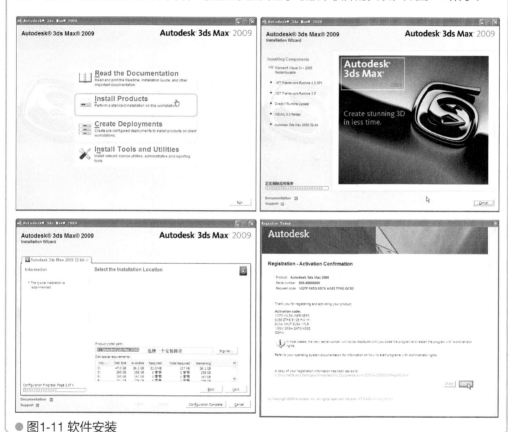

● 图1-11 软件安装

学习总结

　　通过对本项目内容的学习，学生对三维动画的概况有了深刻的了解，重点理解并掌握了三维动画应用领域和制作流程。三维动画的学习是一个长期而刻苦的过程，同学们在后边的学习中应拓展思路，多学多练，为成为一名优秀的三维动画设计师做技术准备。

02 熟悉3ds Max工作界面——进入三维的世界

学习目标

通过本章的学习，掌握3D的操作界面以及工作流程。能够达到制作简单模型的创建、组合及渲染的要求。

任务概述

现今3ds Max已成为三维动画制作软件的主流，并且在众多领域中广泛应用。该软件操作方便，易于上手。本章将重点介绍3ds Max的工作界面及制作流程，使学生能够快速了解软件使用规律，体会3ds Max制作乐趣。

2.1 3ds Max简介

3ds Max是Autodesk公司旗下的公司开发的三维动画渲染和制作软件。它是当今世界上最流行的三维建模、动画制作及渲染软件，广泛应用于广告、影视、工业设计、建筑设计、三维动画、多媒体制作、游戏开发、虚拟现实、辅助教学以及工程可视化等领域，如图2-1所示。

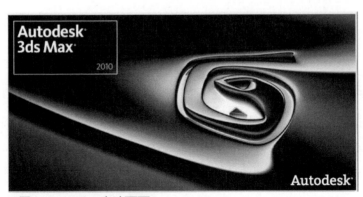

● 图2-1 3ds Max启动画面

2.2 3ds Max工作界面

启动3ds Max，它的工作界面非常直观，包含菜单栏、工具栏、操作视图、命令面板、动画控件、视图导航按钮等，如图2-2所示。

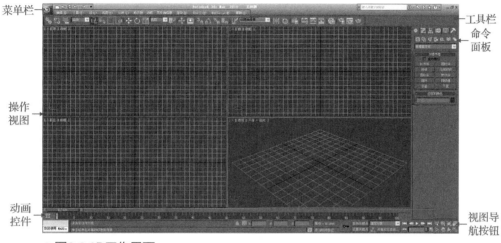

● 图2-2 3D工作界面

1.菜单栏

菜单栏位于主窗口的上端，是由大量的控制命令组成的。单击菜单中的命令，会弹出相应菜单，如单击渲染菜单命令，选择环境命令，打开环境和效果面板，如图2-3所示。

● 图2-3 3D菜单栏

2.工具栏

利用工具栏可以快速的使用3ds Max中的工具和对话框。在相应工具上单击鼠标右键可以出现被单击工具的调节对话框，比如在移动或捕捉工具上单击鼠标右键，会出现相应的对话框，如图2-4所示。

● 移动工具的对话框

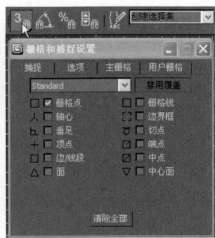

● 捕捉工具对话框

图2-4 工具扩展命令

3.命令面板

3ds Max命令面板包括"创建"面板、"修改"面板、"层次"面板、"运动"面板、"显示"面板、"工具"面板，通过这些面板可以执行绝大部分建模及动画调整等，如图2-5所示。

4.操作视图

3ds Max界面显示有4个大小一样但视角不同的视窗，分别是"顶视图"、"前视图"、"左视图"和"透视图"。透视图默认情况下是"平滑+高亮"方式进行显示，其他3个视窗都是以线框显示，如图2-6所示。

● 图2-5 命令面板

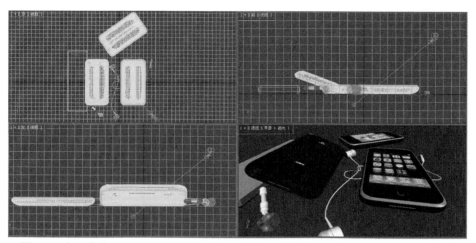

● 图2-6 4个观察窗口

5.动画控件

动画控件用于创建和预览动画。

6.视图导航按钮

视图导航按钮位于主窗口的右下角,用于在视图中进行缩放、平移和旋转视窗等控制,如图2-7所示。

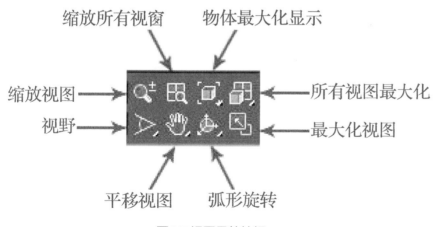

● 图2-7 视图导航按钮

2.3 3ds Max制作流程

　　3D动画的制作流程主要分为建立模型、绑定物理系统等各种系统、设置动画、添加材质、添加灯光、渲染输出几个步骤，步骤中有一些不是必备的，而且设置动画、添加材质、添加灯光一般也没有固定的顺序，根据不同情况来调整制作顺序。另外在静态效果图制作过程中主要分为建立模型、材质、灯光、渲染4个步骤。

　　（1）建立模型——在3D动画制作当中，建模是整个环节中最重要的步骤，根据脚本制作出故事的场景、角色、道具的模型，建模的时候需要根据在摄影机中出现的频率优化一些模型，例如墙壁就只用使用一个面就可以了，面数越大，占用计算机的内存越多和执行时间就越长，如图2-8所示。

● 图2-8 创建模型

　　（2）贴图材质——如果模型是身体，那么材质就是精神。根据概念设计以及客户、监制、导演等的综合意见，对3D模型 "化妆"，进行色彩、纹理、质感等的设定工作，是动画制作流程中必不可少的重要环节，如图2-9所示。

● 图2-9 创建模型

（3）灯光——根据前期概念设计的风格定位，由灯光师对动画场景进行照亮、细致的描绘、材质的精细调节，把握每个镜头的渲染气氛。灯光是具有可变性的，1到2的一个微小的变动就会导致整张图片完全曝光，灯光完全模拟了物理定律中光线的传播，如图2-10所示。

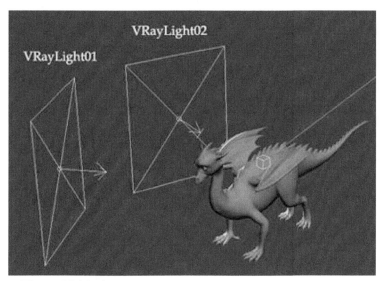

● 图2-10 创建灯光

（4）动画制作——参考剧本、分镜故事板，动画师会给角色或其他需要活动的对象制作出每个镜头的表演动画。每一帧中记录了模型所在的位置，两个帧之间记录了模型改变的参数等等，连贯起来就成为动画了，一般情况下每秒30帧是比较基础的媒体帧数，最高到60帧，帧数越高，画面在运动的过程中就越流畅细腻，就不会出现卡顿的情况。

（5）三维特效——根据具体故事，由特效师制作出水、烟、雾、火、光等特效法，如图2-11所示。

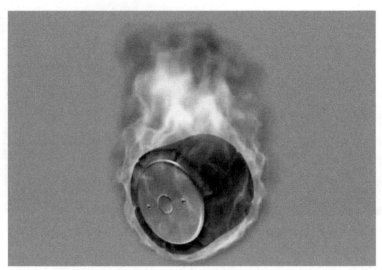

● 图2-11 特效表现

（6）分层渲染/合成——动画、灯光制作完成后，由渲染人员根据后期合成师的意见把各镜头文件分层渲染，提供合成用的图层和通道。就像编程一样，编程最初的代码并不能够运行，而需要编译，3D动画也是一样，最初的文件也不能直接播放，需要计算机进行计算生成肉眼可以识别的图像序列才能够在电视机上播放，进行观看，如图2-12所示。

● 图2-12 合成效果

⊙ 特别提示

一般完整的三维动画在后边还要进行两个关键的步骤，分别是配音配乐和剪辑输出。

配音配乐—— 由剧本设计需要，由专业配音师根据镜头配音，根据剧情配上合适背景音乐和各种音效。

剪辑输出——用渲染的各图层影像，由后期人员合成完整成片，并根据客户及监制、导演意见剪辑输出成不同版本，以供不同需要用。

扩展任务

根据所学知识，利用创建/几何体制作模型，使用移动、旋转和缩放等工具组合成如下模型，如图2-13所示。

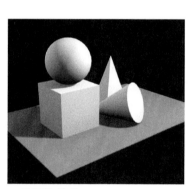

● 几何体静物

● 柜子模型

图2-13 模拟创建简单模型

学习总结

3ds Max是一款功能强大的三维处理软件，通过对本章的学习，使学生重点掌握了3ds Max工作界面及制作流程，对软件的操作有了一定的了解，为后面的案例制作打下良好的基础。

玻璃茶几样式

学习目标

通过完成本章案例的制作，能够掌握标准建模和二维建模的方法，能够了解更多的建模方式及修改方式，对基本的材质和灯光表现要有一定的把握。

任务概述

本案例将重点使用二维建模手法完成模型的创建，利用标准灯光和材质表现模型，并最终渲染成图。也可在此基础上添加一些自创模型，组成更加完善的场景，有利于对软件的熟练掌握。

制作流程

茶几的模型创建可以分别完成然后组合在一起，此模型更多的是利用二维图形的创建手法完成的，如图3-1所示。

●图3-1 模型分解效果

! 特别提示

在制图过程中，操作视图区域中默认是有背景栅格线的，栅格线的主要作用是进行参照和比对。一般情况是用不到的，在不用时，可以按 "G" 键进行切换，以便更好地观察模型。

3.1 创建茶几台面

（1）单击命令面板中的创建，选择圆柱体，在顶视图中心位置按住鼠标左键创建一个圆柱体，如图3-2所示。

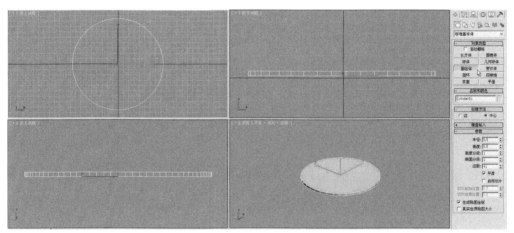

● 图3-2 创建圆柱体

! 特别提示

为了更好地观察创建好的模型，可以在透视图中单击"F4"键切换出"边面"，在其他3个平面视图中可以使用切换键"F3"，切换出"平滑+高光"显示模式，这些方式都是为了更加方便制作者观察模型而使用的。

（2）进入到"修改"面板调整参数，如图3-3所示。

3.2 创建茶几支架

（1）单击命令面板中图形命令，选择矩形，在左视图中创建一个矩形。进入"修改"面板调整参数，如图3-4所示。

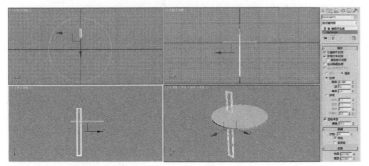

● 图3-4 创建矩形

● 图3-3 调整参数

（2）在"修改"面板中为矩形加入编辑样条线修改器。并选择其修改器中次物体层级中的顶点，在几何体面板中单击优化命令，在视图中单击矩形上端中间的位置，增加一个节点，如图3-5所示。

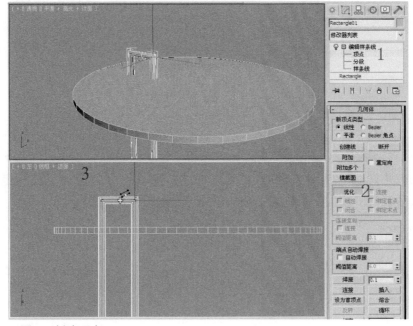

● 图3-5 创建顶点

（3）选择增加的节点，在左视图中沿着 y 轴向向上移动，单击鼠标右键，将点的属性更改为平滑方式，然后在视图中再微调一下点的位置，如图3-6所示。

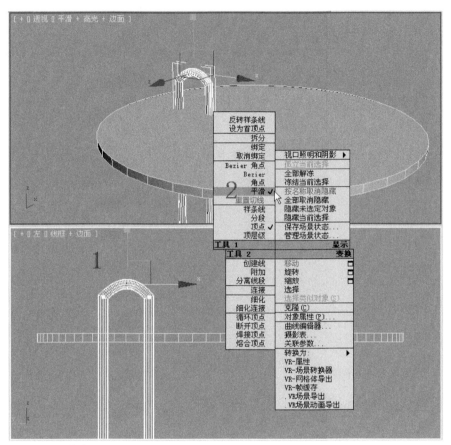

● 图3-6 调整点

ⓘ特别提示

　　顶点的属性是在选择点的基础上单击鼠标右键出现的，共有4类属性，分别是平滑点，可以使点的两端线变成曲线；角点，可以使点的两端线变成直线；Bezier，点身上会出现调整滑竿（绿色显示），调整一侧的滑竿另一处相应也会有变化，出现线段圆曲效果；Bezier角点，点身上也会出现调整滑竿（绿色显示），调整一侧的滑竿另一处滑竿不会改变。

（4）选择修改器次物体层级中的分段命令，视图中选择矩形最下端的横线，按

"Delete"键将其删除。调整完以后关闭次物体层级中的分段，如图3-7所示。

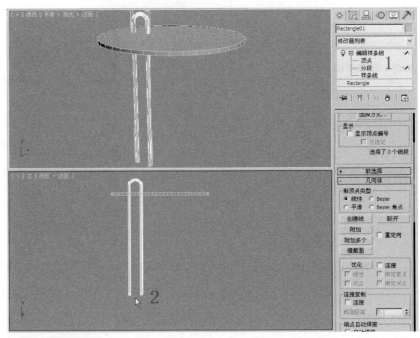

● 图3-7 删除线段

3.3 制作茶几底座

（1）单击命令面板中图形命令，选择圆，在顶视图中创建一个圆形。进入修改面板调整参数，如图3-8所示。

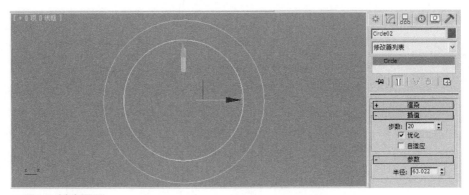

● 图3-8 创建圆形

（2）在"修改"面板中为圆形加入编辑样条线修改器。选择其修改器中次物体层级中的样条线，先选择视图中的圆形，再在修改器几何体面板中单击轮廓命令，在视图中拖动圆形向内制作出小的圆形。调整完以后关闭次物体层级中的样条线，如图3-9所示。

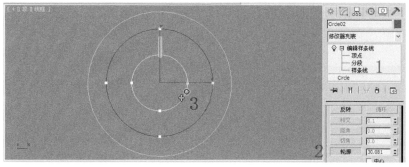

● 图3-9 创建轮廓线

（3）单击命令面板中图形命令，选择线，在顶视图中创建线，如图3-10所示。

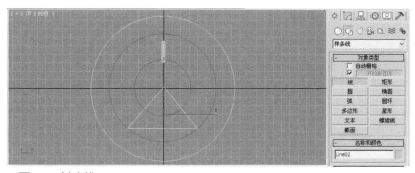

● 图3-10 创建线

（4）进入"修改"面板，选择附加命令，在视图中单击圆形，如图3-11所示。

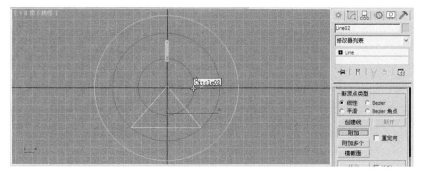

● 图3-11 附加圆形

（5）进入"修改"面板。选择其修改器中次物体层级中的样条线，先选择修改器几何体面板中修剪命令，在视图中对不要的线段进行修剪，如图3-12所示。

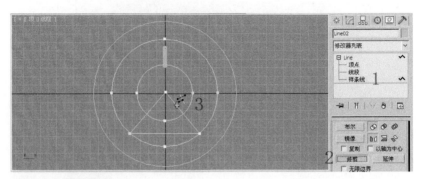

● 图3-12 修剪图形

（6）修剪后的图形，如图3-13所示。

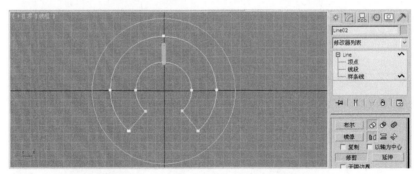

● 图3-13 修剪后效果

（7）选择修改器次物体层级中的顶点，先在视图中框选底端的4个节点，然后再选择修改器几何体面板中焊接命令，将4个开放的节点焊接起来，如图3-14所示。

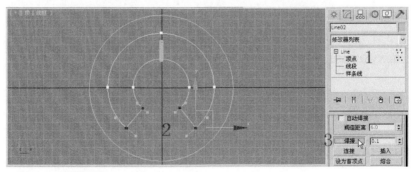

● 图3-14 焊接顶点

特别提示

进行裁剪过的线段，边沿上的点都是开放的节点，在3D中开放的节点在进行挤出修改时，只能挤出线段的高度，而没有厚度。只有将开放的点焊接后进行挤出修改才能制作出三维立体模型。

（8）再选择优化命令，在小圈上点的两端平均增加两个顶点，如图3-15所示。

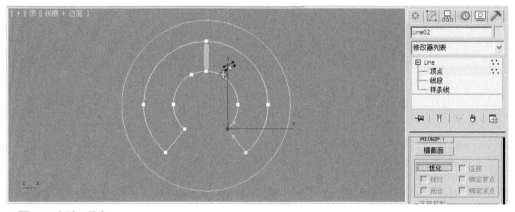

● 图3-15 添加顶点

（9）选择中间的顶点，用移动工具将其沿"y"轴向下移动，将点的属性更改为角点方式，然后在视图中再微调一下点的位置，效果如图3-16所示。

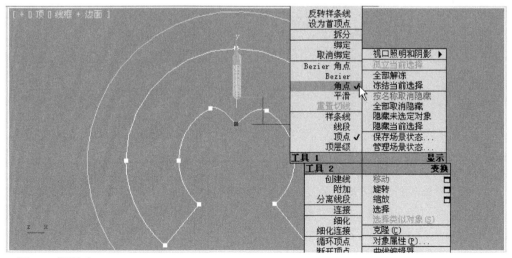

● 图3-16 调整点

（10）用同样的方式，分别将中心点两端的两个节点属性更改为Bezier 角点，调整一侧的滑竿，让所影响的线段是直线效果。调整完以后关闭次物体层级中的顶点，如图3-17所示。

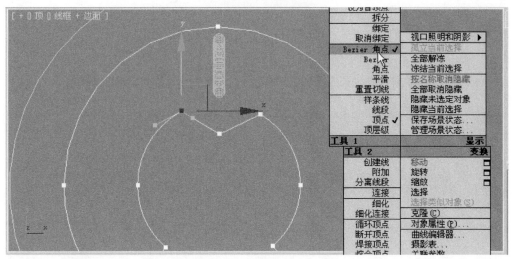

● 图3-17 调整节点

（11）在修改器中加入挤出修改器，在参数中调节数量值，在前视图中调整底座的位置，如图3-18所示。

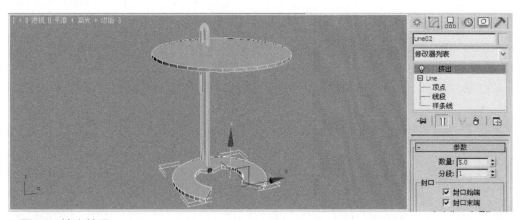

● 图3-18 挤出效果

（12）在修改器中加入编辑多边形修改器，选择修改器中次物体层级中的边，然后选择工具栏中的窗口/交叉工具，按住键盘"Ctrl"键，在前视图中分别框选底座上下两个边，如图3-19所示。

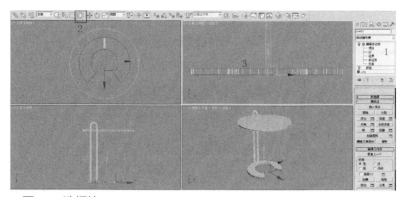

● 图3-19 选择边

（13）选择修改器中切角命令，视图中在选择的红色线上按住鼠标左键向上推动，制作出斜角线。调整完以后关闭次物体层级，如图3-20所示。

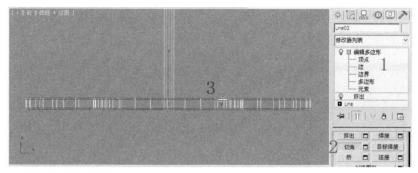

● 图3-20 切角处理

3.4 制作茶几底座上的部件

（1）单击命令面板中图形命令，选择圆环，在前视图中创建一个圆环。进入"修改"面板调整参数，如图3-21所示。

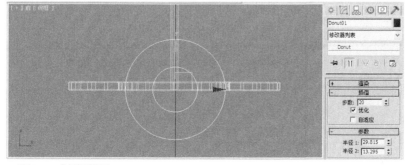

● 图3-21 创建圆环

（2）在"修改"面板中为圆环加入编辑样条线修改器。选择其修改器中次物体层级中的分段，先选择前视图中圆环下半边的线段，按键盘"Delete"键，将线段删除，如图3-22所示。

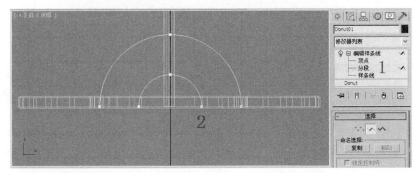

● 图3-22 删除线段

（3）选择修改器中次物体层级中的顶点，选择命令连接，在前视图中分别把两端的点连接起来。调整完以后关闭次物体层级，如图3-23所示。

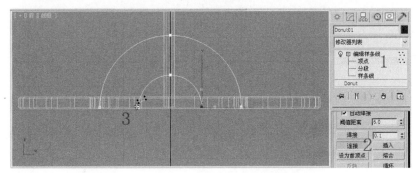

● 图3-23 连接顶点

（4）在修改器中加入挤出修改器，在参数中调节数量值，在视图中调整其位置，如图3-24所示。

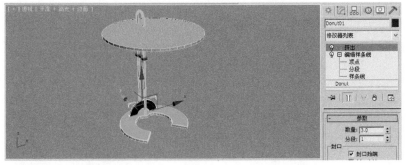

● 图3-24 挤出模型

3.5 制作茶几支架固定锁

（1）单击命令面板中几何体图标，选择长方体，在顶视图中创建一个长方体，进入"修改"面板调整参数，如图3-25所示。

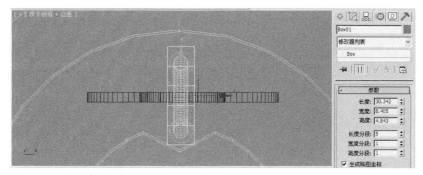

● 图3-25 创建长方体

（2）在"修改"面板中为长方体加入编辑样多边形修改器。选择其修改器中次物体层级中的边，在左视图中调整相关的线的位置，再在顶视图中分别调整中间的线向中间聚拢。调整完以后关闭次物体层级，如图3-26所示。

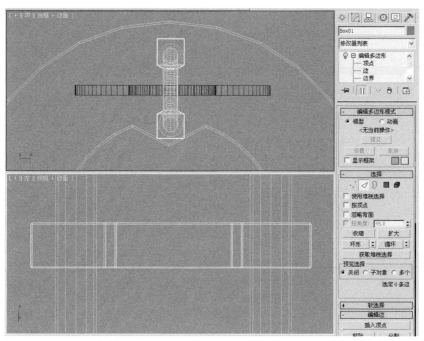

● 图3-26 调整长方体

（1）单击命令面板中几何体图标，选择管状体，在顶视图中创建一个管状体，进入"修改"面板调整参数，如图3-27所示。

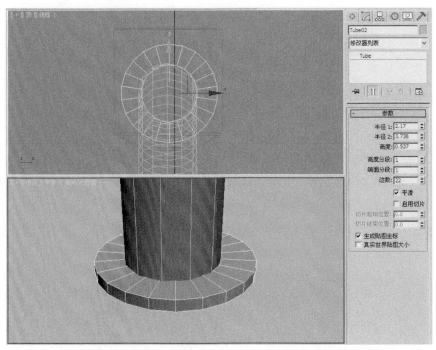

● 图3-27 创建管状体

（2）在"修改"面板中为管状体加入编辑样式多边形修改器。选择其修改器中次物体层级中的边，在透视图中分别选择上下两个边，再在选择面板中单击循环命令，观察透视图上下两边的线会全部选择，如图3-28所示。

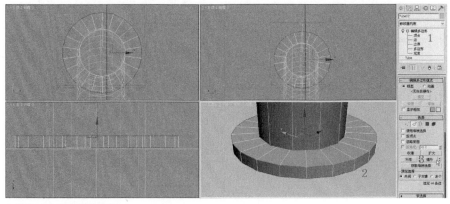

● 图3-28 修改管状体

（3）在编辑边面板中选择切角后边的文本图标，出现切角边参数面板。调整完以后关闭次物体层级，如图3-29所示。

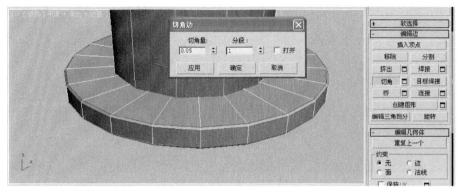

● 图3-29 切角处理

（4）按住键盘上的"Shift"键并移动软垫，复制另一个软垫，复制后调整位置，如图3-30所示。

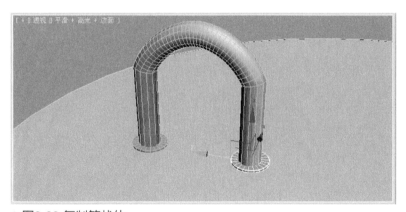

● 图3-30 复制管状体

3.7 制作地面

在顶视图中创建平面模型，在前视图中调整位置，如图3-31所示。

①特别提示

地面模型一般都是用平面来创建的，不需要使用长方体来创建。调节位置时要注意与模型之间的距离，不要出现交叉或有明显距离。

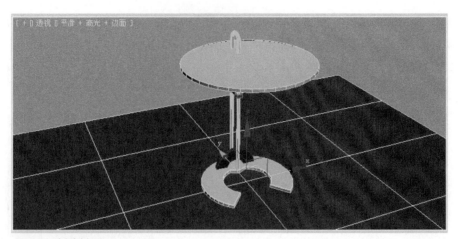

图3-31 创建地面

3.8 创建场景模型材质

（1）在工具栏中，单击材质编辑器工具，弹出其调节面板。选择第一个材质球，单击漫反射后边的颜色块，调节颜色，如图3-32所示。

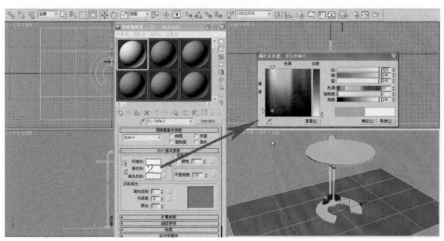

● 图3-32 创建第一个材质球

⚠ 特别提示

将一个材质球赋予所有模型。这样渲染的模型看上去比较统一，适合观察场景灯光效果和整体效果。一般应用与草图渲染和特殊表现。

（2）在场景中框选所有茶几模型，单击材质编辑面板中将材质指定给选定对象工具，赋予材质，效果如图3-33所示。

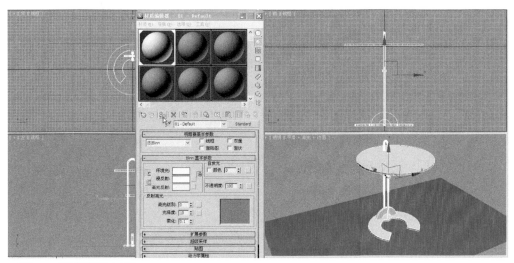

● 图3-33 赋予茶几材质

3.9 建立天光并渲染场景

（1）在命令面板中选择创建灯光，在其下拉菜单中选择标准，出现标准灯光面板，选择天光。在顶视图中创建一处天光，位置角度不用调节，如图3-34所示。

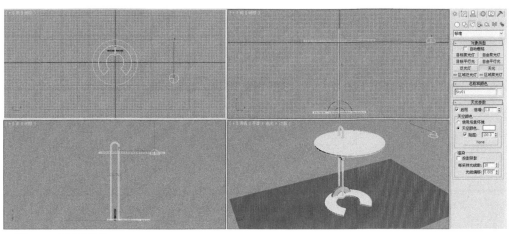

● 图3-34 创建灯光

（2）选在菜单栏中选择渲染命令，单击光跟踪器，弹出其参数面板，单击透视图，再单击光跟踪器面板下边的渲染命令，开始渲染，如图3-35所示。

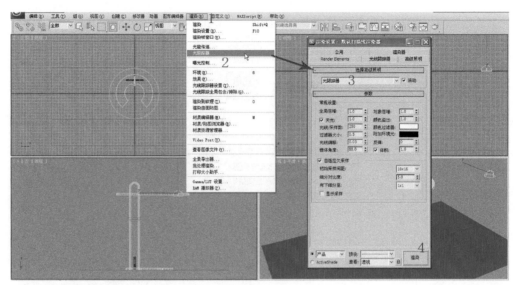

● 图3-35 创建光跟踪器

（3）渲染的最终效果，如图3-36所示。

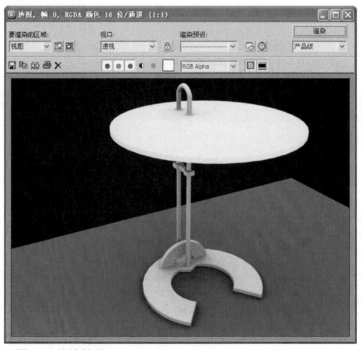

● 图3-36 渲染效果

ⓘ扩展任务

通过对3D软件基本操作技能的掌握，利用几何建模及修改建模等多种手段来完成模型制作，并赋予相关材质和创建灯光，最终渲染并完成任务，如图3-37所示。

● 初级任务

● 进阶任务

图3-37 扩展模型练习

学习总结

通过对本章的学习，重点掌握了3ds Max基础建模方式，对二维建模及修改有了深刻的认识，并掌握了基础灯光和材质的运用，为后面的案例制作打下了良好的基础。

3ds Max

提高篇

  3ds Max的命令非常多，操作较为复杂，需要在学习的过程中掌握其命令模块，做到熟能生巧。在动画制作中，需要综合运用多种技术手法才能顺利完成。本篇在介绍复杂模型创建方法的同时，也介绍了在3D中如何制作表现动画。

● 优盘样式

学习目标

　　通过本项目的制作，掌握三维模型制作、材质赋予、灯光表现，了解摄像机构建和最终场景渲染等技能。初步掌握 V-Ray 渲染器的参数及应用。

任务概述

　　在 3ds Max 建模的方式有多种多样，其中通过几何体建模是一种常见的方法，这种方法类似于雕塑，将标准模型一步一步修改雕琢成初模，然后再利用光滑网格的方式完成最终样式。在渲染上可利用 V-Ray 渲染器表现。

制作流程

　　优盘的模型创建主要是通过创建几何体然后使用编辑多边形修改器完成的，如图4-1 所示。

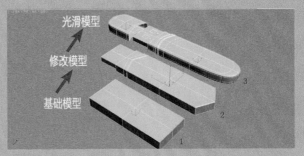

图4-1模型分解效果

4.1 创建优盘主体模型

（1）单击命令面板中的创建，选择长方体，在顶视图中按住鼠标左键创建一个长方体。进入到"修改"面板调整参数，如图4-2所示。

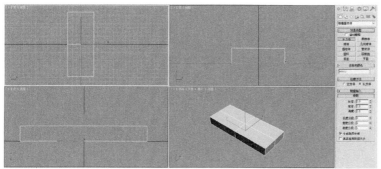
● 图4-2 创建长方体

（2）进入到"修改"面板，为长方体加入编辑多边形修改器，选择次物体层级的顶点，在顶视图中框选下端中心的点进行移动，如图4-3所示。

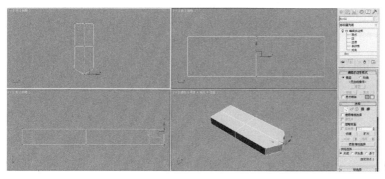
● 图4-3 移动顶点

（3）选择次物体层级的多边形，在透视图中先选择上端中间的两个面，在修改器面板中选择挤出按钮后边的文本框，在其面板中输入挤出的数值，如图4-4所示。

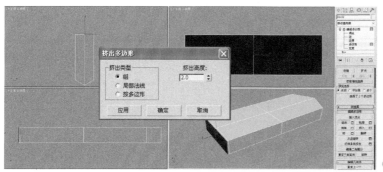
● 图4-4 挤出模型

（4）单击应用，再挤出一层，重新输入数值，单击确定关闭文本视窗，如图4-5所示。

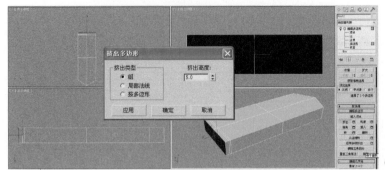

● 图4-5 挤出第二层

（5）保持面选择状态，单击插入按钮后的文本框图标，弹出文本视窗，输入数值，单击确定关闭视窗，如图4-6所示。

● 图4-6 插入修改

（6）重新选择挤出按钮后边的文本框，在其面板中输入挤出的数值，单击确定关闭视窗，如图4-7所示。

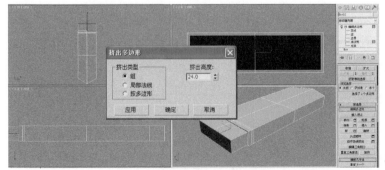

● 图4-7 挤出模型

（7）再一次单击插入按钮后的文本框图标，弹出文本视窗，输入数值，单击确定关闭视窗，如图4-8所示。

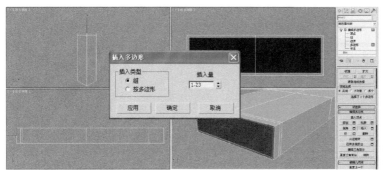

● 图4-8 再一次插入
修改

（8）重新选择挤出按钮后边的文本框，在其面板中输入挤出的数值，单击确定关闭视窗，如图4-9所示。

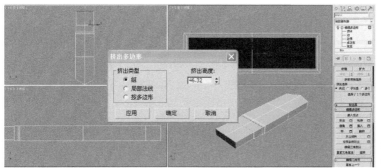

● 图4-9 再一次挤出
修改

（9）再一次单击插入按钮后的文本框图标，弹出文本视窗，输入数值，单击确定关闭视窗，如图4-10所示。

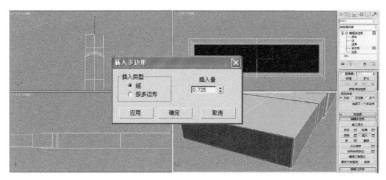

● 图4-10 插入修改

（10）重新选择挤出按钮后边的文本框，在其面板中输入挤出的数值，单击确定关闭视窗，如图4-11所示。

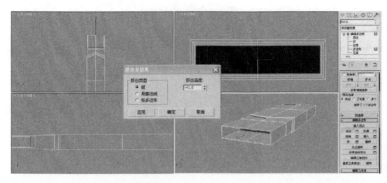

● 图4-11 挤出模型

（11）选择次物体层级的顶点，在顶视图中框选图中的点进行移动，如图4-12所示。

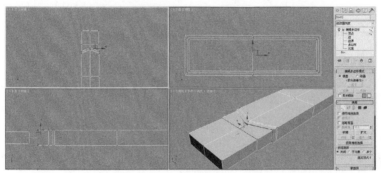

● 图4-12 移动顶点

（12）选择次物体层级的边，在透视图中选择图中的线，如图4-13所示。

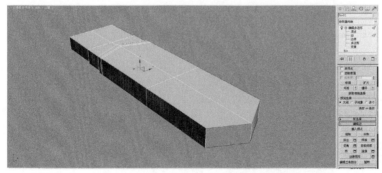

● 图4-13 选择线

⚠ 特别提示

在选择边的时候，可以先选择一条边，然后在选择面板中选择循环命令，这样就可以快速选择其他的边。另外还有其他三种选择模式，是选择的边的区域不同，可以试试。

（13）选择切角按钮后边的文本框，在其弹出框中输入数值，单击确定，制作成边缘的斜角效果，如图4-14所示。

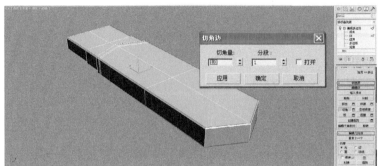

● 图4-14 切角处理

（14）在透视图中选择图中的线，如图4-15所示。

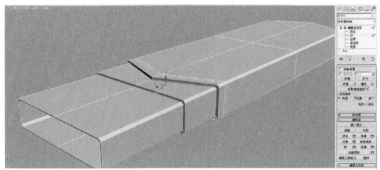

● 图4-15 选择线

（15）选择切角按钮后边的文本框，在其弹出框中输入数值，单击确定，制作成斜角边效果，如图4-16所示。

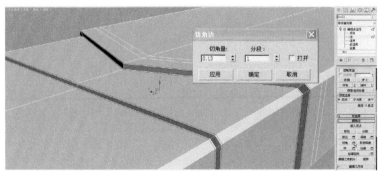

● 图4-16 切角处理

（16）选择图所示的边。在选择时可以考虑使用循环命令，快捷而且准确，如图4-17所示。

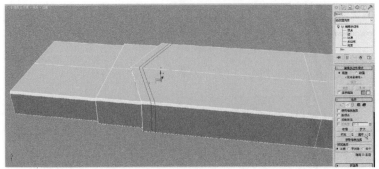

● 图4-17 循环选择边

（17）在视图中单击鼠标右键，弹出快捷菜单，选择转化到面，如图4-18所示。

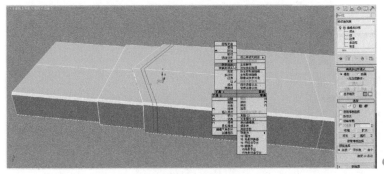

● 图4-18 转化到面

（18）选择转化到面后的效果，如图4-19所示。

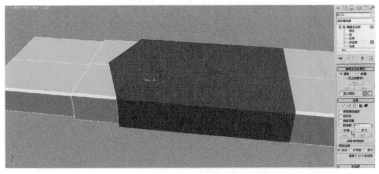

● 图4-19 转化面的效果

（19）在"选择"面板中选择收缩命令，视图中面选择的区域，如图4-20所示。

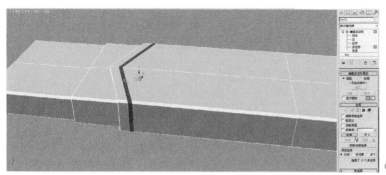

● 图4-20 收缩处理

（20）选择挤出按钮后边的文本框，在其面板中选择挤出类型为局部法线，输入挤出的数值，单击确定关闭视窗，如图4-21所示。

● 图4-21 挤出处理

（21）选择次物体层级中的边，如图4-22所示。

● 图4-22 选择边

（22）选择切角后文本框，在其文本框中输入数值，单击确定制作出斜角边，如图4-23所示。

● 图4-23 切角处理

4.2 创建优盘接口

（1）在"修改"命令面板中选择编辑多边形次物体层级中的多边形，在顶视图中框选最前部的物体，在命令面板中选择分离旁的文本框命令，在弹出的面板中单击确定，将选择的面分离出去，如图4-24所示。

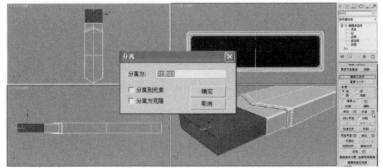

● 图4-24 面分离

（2）在顶视图中分别创建矩形和圆形，选择全部图形之后在前视图中移动位置到上边，选择其中一个图形在"修改"面板中加入编辑样条线修改器，选择附加命令，在顶视图中选择其他3个图形，附加为一个图形，如图4-25所示。

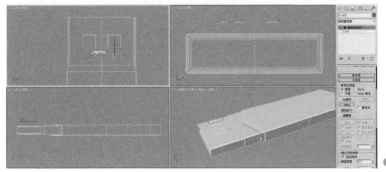

● 图4-25 创建图形

（3）选择优盘顶端的物体，在命令面板中选择创建，在其下拉菜单中选择复合物体命令，选择图形合并，在"拾取操作对象"面板中选择拾取图形，在前视图中选择图形，在模型上生成截面图形效果，如图4-26所示。

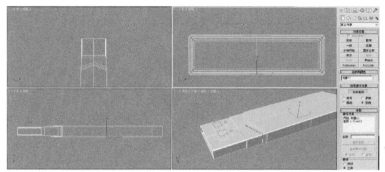

● 图4-26 图形
合并处理

（4）在视图中选择图形，单击鼠标右键，弹出快捷菜单，选择隐藏当前选择的命令将其隐藏。选择U盘顶端的物体，单击鼠标右键在快捷菜单中选择转换为——转换为可编辑网格。选择修改器次物体层级中的面，如图4-27所示。

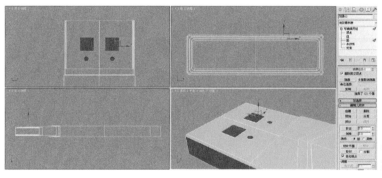

● 图4-27 转化
编辑网格

（5）选择挤出，在后边的数值框中填入数值，如图4-28所示。

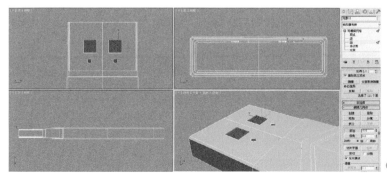

● 图4-28 挤出处理

4.3 创建优盘帽

（1）在顶视图创建一个长方体，进入"修改"面板调整参数，如图4-29所示。

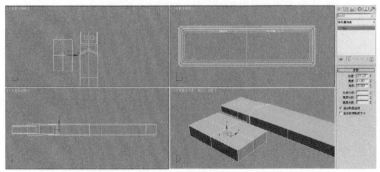

● 图4-29 创建长方体

（2）为长方体加入编辑多边形修改器，选择次物体层级的边，选择长方体四周的边，在命令栏中选择切角，输入参数，如图4-30所示。

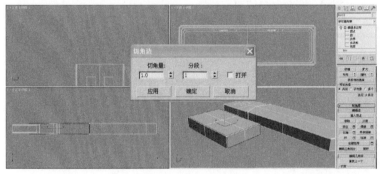

● 图4-30 切角处理

（3）选择次物体层级中的多边形，选择挤出命令，调整参数，如图4-31所示。

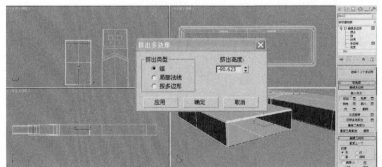

● 图4-31 挤出处理

（4）选择次物体层级中的顶点，在顶视图中框选中间两端的顶点，向上移动顶点的位置。关闭顶点次物体层级，如图4-32所示。

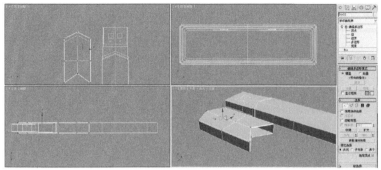

● 图4-32 移动顶点

 4.4 创建平滑模型

（1）选择优盘主体，选择次物体层级中的多边形，在顶视图中框选视图中图4-33所示的面，在命令面板中选择分离命令，将其分离出整体模型。

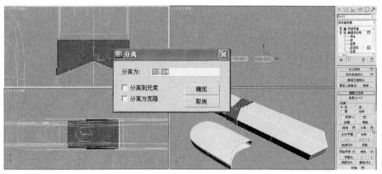

● 图4-33 分离面

（2）分别为U盘帽、U盘主体和分离出的部分再加入网格平滑修改器，调整迭代次数为3，如图4-34所示。

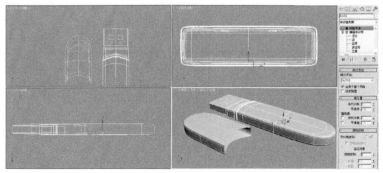

● 图4-34 平滑处理

4.5 创建V-Ray灯光及材质

（1）在顶视图中创建一个平面作为场景中的桌面效果。选择命令栏中创建，选择灯光，在其下拉菜单中选择VRay，在面板中选择VR_光源，在顶视图中U盘上方创建一个灯光，在前视图中移动位置。进入"修改"面板调整参数，如图4-35所示。

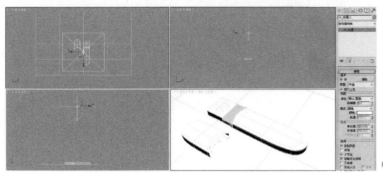

● 图4-35 创建灯光

！特别提示

　　V-Ray是由专业的渲染器开发公司Chaos Group开发的渲染软件，是目前业界最受欢迎的渲染引擎，为不同领域的优秀3D建模软件提供了高质量的图片和动画渲染。设置简单是VRay渲染器的一大特色，它的控制参数并不复杂，完全内嵌在材质编辑器和渲染设置中，这就为初学者快速入门提供了可能。

　　（2）选择材质编辑器工具，打开"材质面板"。选择第一个材质球，单击Standard，在弹出的"材质/贴图浏览器"面板中选择VRayMtl，单击确定，如图4-36所示。

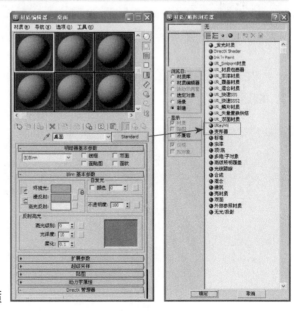

● 图4-36 创建材质

（3）进入VRayMtl材质面板中，选择漫反射后的颜色，调整为白色，将材质赋予给桌面，如图4-37所示。

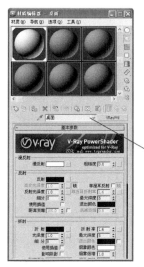

● 图4-37 调整材质

⊕特别提示

VRayMtl（VRay材质）是V-Ray渲染系统的专用材质。使用这个材质能在场景中得到更好的和正确的照明(能量分布)，更快的渲染，更方便控制的反射和折射参数。在VRayMtl里能够应用不同的纹理贴图，更好的控制反射和折射，添加bump（凹凸贴图）和displacement（位移贴图），促使直接GI(direct GI)计算,对于材质的着色方式可以选择BRDF（毕奥定向反射分配函数）。

（4）选择第2个材质球，调整漫反射颜色为白色，单击反射后的颜色面板，调整颜色为185的灰色。此材质赋予给U盘前段的金属插槽部分，如图4-38所示。

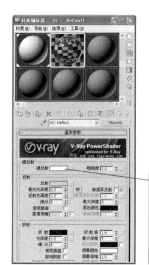

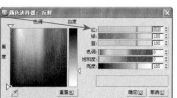

● 图4-38 调整材质

（5）选择第3个材质球，调整漫反射颜色为蓝色，将反射的颜色调整为白色，选中菲涅耳反射，如图4-39所示。

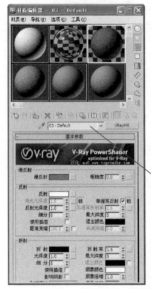

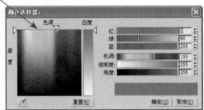

● 图4-39 调整材质

（6）选择第4个材质球，调整漫反射颜色为深紫色，将反射的颜色调整为白色，选中菲涅耳反射，单击高光光泽度后的"锁"，将其解锁，调整参数为0.86。在"BRDF双向反射分布功能"面板中，将背向异性的参数调整为-0.9，此时观察材质球的高光部分形状已经变成长条型，如图4-40所示。

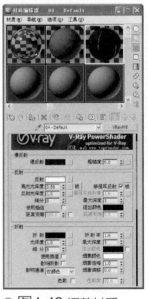
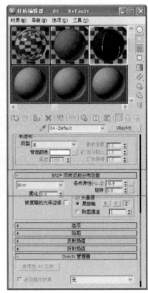

● 图4-40 调整材质

4.6 创建场景摄像机

在透视窗中调整视图，可根据创作的需要在场景中加入其他的模型，以丰富画面的效果。调整视图满意后，单击创建—摄像机，单击目标摄像机，在透视图中拖动鼠标左键创建一个摄像机，在键盘中按组合键"Ctrl+C"，摄像机就会自动匹配透视图的角度。这是创建摄像机比较快捷有效的方法，适合初学者使用此种方法，如图4-41所示。

 特别提示

　　创建摄像机也可以先在场景中创建一个摄像机，然后在其他的平面视图中调整相应位置，待调整合适后，在相关视图中按键盘"C"键切换成摄像机视窗。

　　V-Ray软件自身也有摄像机，创建方法和标准3D摄像机一样。使用者可以进行诸如光圈、虚光、快门、ISO等参数的调节。参数较多，效果也很不错，建议使用者可以考虑使用。

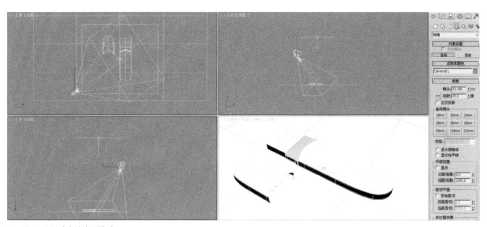

● 图4-41 创建摄像机

 4.7 调整初级V-Ray渲染参数

（1）打开渲染设置工具，找到指定渲染器面板，单击产品级后边的文本框，弹出选择渲染器面板，选择V-Ray RT2.10.01渲染器，单击确定，如图4-42所示。

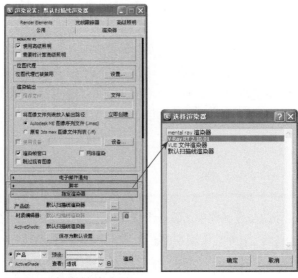

● 图4-42 调整渲染参数

（2）调整初级渲染参数

① 选择"VR-基项"面板，打开V-Ray：帧缓存，选中启用内置帧缓存；

② 打开"V-Ray::图像采样器（抗锯齿）"面板，类型选择为固定，去掉抗锯齿过滤器下的开启命令；

③ 选择"VR-间接照明"面板，打开"V-Ray::间接照明（全局照明）"面板：选中开启，在二次反弹全局光引擎中选择灯光缓存命令；

④ 打开V-Ray::发光贴图面板，选择当前预置为非常低，选中显示计算过程；

⑤ 打开V-Ray::灯光缓存，调整细分为500，选中显示计算状态，如图4-43所示。

● 图4-43 初级渲染参数

（3）调整完相关参数，单击渲染进行初级渲染。观察画面效果，如图4-44所示。

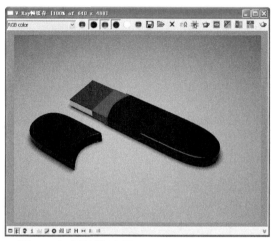

● 图4-44 初级渲染效果

（！）特别提示

　　V-Ray初级渲染重点在于观察检测场景中模型、灯光明暗、摄像机构图是否还有问题，如果有问题将继续调整，没有就进行最终渲染出图。因此初级渲染调整的渲染参数一般都比较低，目的是提高渲染速度，以免浪费不必要的时间。

4.8 调整V-Ray精确渲染参数并渲染场景

　　（1）选择画面中的唯一一处VR_光源，调整细分参数为80，细分越大，渲染的画面越清晰；打开渲染设置工具，调整输出大小，出图时根据设计需要调整适当的画面宽度及高度，数值越大，尺寸越大，最终画面的像素也越高，打印越清晰，如图4-45所示。

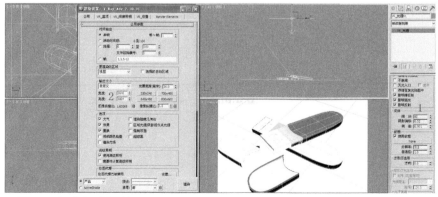

● 图4-45 灯光细分调节

（2）选择"VR_基项"面板，打开"V-Ray::图像采样器（抗锯齿）"面板，类型选择为自适应细分，选中抗锯齿过滤器下的开启命令，并选择Catmull-Rom类型；

（3）选择"VR_间接照明"面板，打开"V-Ray::发光贴图"面板，选择当前预置为非常高，然后再选择自定义，调整最大采样比为1，半球细分为80，差值采样值为50，选中细节增强中的开启；

（4）打开"V-Ray::灯光缓存"面板，调整细分为1500，如图4-46所示。

● 图4-46 精确渲染参数

（5）单击渲染设置下端的渲染命令，渲染画面需要经过一段时间的渲染，如图4-47所示。

(!) 特别提示

可将渲染后的画面导入到PhotoShop软件中，整体调整画面的色调及对比度等，以增强画面感染效果。

● 图4-47 精确渲染后效果

特别提示

在V-Ray调节材质较为简便而且效果真实，调整材质和调整渲染参数有其固定模式化，因此掌握制作参数可以提高工作效率。常用V-Ray材质的调整参数如下：

（1）亮光木材。漫射：贴图、反射：35灰、高光：0.8；

（2）亚光木。漫射：贴图、反射：35灰、高光：0.8、光泽（模糊）：0.85；

（3）镜面不锈钢。漫射::黑色、反射：255灰；

（4）亚面不锈钢。漫射：黑色、反射：200灰、光泽（模糊）：0.8；

（5）拉丝不锈钢。漫射：黑色、反射：衰减贴图（黑色部分贴图）、光泽（模糊）：0.8；

（6）陶器。漫射：白色、反射：255、菲涅耳反射；

（7）亚面石材。漫射：贴图、反射：100灰、高光：0.5、光泽（模糊）：0.85凹凸贴图；

（8）抛光砖。漫射：平铺贴图、反射：255、高光：0.8、光泽（模糊）：0.98菲涅耳反射；

（9）普通地砖。漫射：平铺贴图、反射：255、高光：0.8、光泽（模糊）：0.9、菲涅耳反射；

（10）木地板。漫射。平铺贴图、反射：70、光泽（模糊）：0.9 凹凸贴图；

（11）有色玻璃。折射中的雾颜色（数值很敏感，需很小）、打开：影响阴影；

（12）清玻璃。漫射：灰色、反射：255、折射255、折射率1.5；

（13）磨砂玻璃。漫射：灰色、反射：255、高光：0.8、光泽（模糊）：0.9、折射255、光泽（模糊）：0.9、光折射率1.5；

（14）普通布料。漫射：贴图、凹凸贴图；

（15）绒布。漫射：衰减贴图、置换贴图；

（16）皮革。漫射：贴图、反射：50、高光：0.6、光泽（模糊）：0.8 凹凸贴图；

（17）水材质。漫射：白色、反射：255、折射：255、折射率1.33、烟雾颜色、浅青色、凹凸贴图：噪波；

（18）纱窗。漫射：颜色、折射：灰白贴图、折射率1、接收GI：2。

扩展任务

　　利用编辑多边形修改器及其他建模手法，创建模型，并使用V-Ray进行材质、灯光表现，最终利用V-Ray渲染器进行渲染出图，如图4-48所示。

● 初级任务

● 进阶任务

图4-48 扩展任务练习

学习总结

　　本章重点介绍了3ds Max常用建模技法及V-Ray渲染器。在静态表现时，3D建模加V-Ray表现是目前最为流行也是最为便捷的技法。同学们应熟练掌握其制作技能及操作流程，多研究、多练习，为3D制作打下坚实的基础。

学习目标

通过本案例制作掌握动画的基本原理和规律，了解 3ds Max 的动画基础操作，重点掌握轨迹视图的应用。

任务概述

在 3ds Max 软件中，动画的操作命令是非常复杂的，因此学习动画不能一蹴而就，应该从基础学起，只有掌握了动画制作的流程和规律才能为独立设计制作三维动画做好准备。

制作流程

通过创建标准几何体建模，利用弯曲修改器和移动、旋转生成动画，通过曲线调节完成循环运动，如图 5-1 所示。

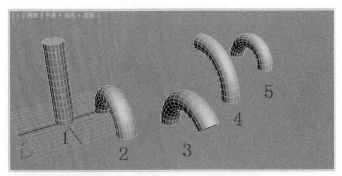

● 图5-1 圆柱体翻滚制作流程

5.1 创建动画模型

（1）单击命令面板中的创建，选择圆柱体，在顶视图中创建一个圆柱体，并在"修改"面板中调节其参数，如图5-2所示。

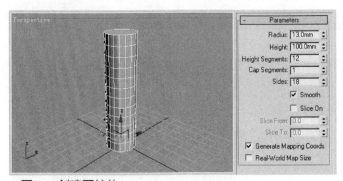

● 图5-2 创建圆柱体

（2）在"修改"面板中为圆柱体加入一个"弯曲"修改器，并调整其参数，如图5-3所示。

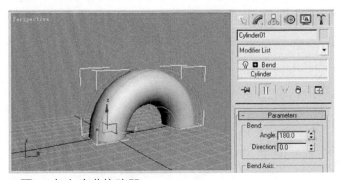

● 图5-3 加入弯曲修改器

5.2 设置物体弯曲动画

（1）单击动画控件区域中的Auto Key"自动关键点"按钮，调整时间滑块到10帧处，如图5-4所示。

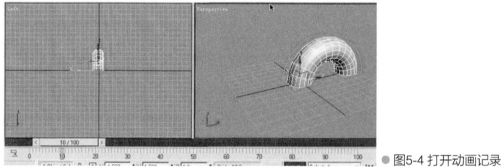

● 图5-4 打开动画记录

（2）在"修改"面板中调整弯曲角度为–180，如图5-5所示。

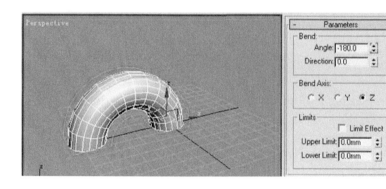

● 图5-5 调整弯曲
的动画参数

5.3 设置物体移动动画

选择移动工具，在前视图中选择x轴方向向左移动，如图5-6所示。

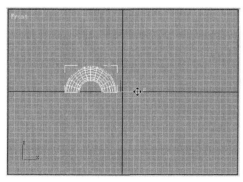

● 图5-6 移动x轴向

5.4 设置物体旋转动画

在顶视图中旋转 z 轴-180度。关闭动画控件区域中的Auto Key "自动关键点"按钮，如图5-7所示。

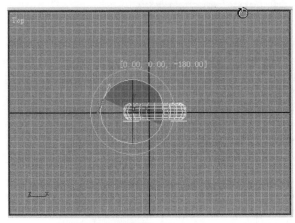

● 图5-7 旋转模型　　　　　　　　　　　　　● 图5-8 创建曲线编辑器

5.5 创建"曲线编辑器"

在命令栏中选择Graph Editors "图表编辑器"，单击Track View-Curve Editor "轨迹视图—曲线编辑器"，如图5-8所示。

 特别提示

3D中的"轨迹视图"使用两种不同的模式："曲线编辑器"和"摄影表"。"曲线编辑器"模式将动画显示为功能曲线，而"摄影表"模式将动画显示为包含关键点和范围的电子表格。

"轨迹视图 - 曲线编辑器"是一种"轨迹视图"模式，用于以图表上的功能曲线来表示运动。 该模式可以使运动的插值以及软件在关键帧之间创建的对象变换直观化。使用曲线上关键点的切线控制柄，可以轻松控制场景中对象的运动和动画。

"曲线编辑器"界面由菜单栏、工具栏、控制器窗口和关键点窗口组成。在界面的底部还拥有时间标尺、导航工具和状态工具。

5.6 增加弯曲运动曲线循环

（1）在编辑器"对象"中找到圆柱体命令并把层级打开。选择层级中修改对象下的 Bend"弯曲"，并将其层级打开，选择Angle"角度"会看到右侧的曲线效果，如图5-9 所示。

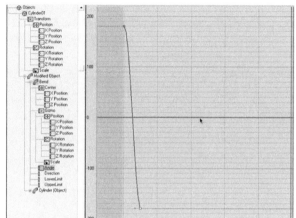

● 图5-9 选择角度命令

（2）在命令面板中选择Controller"控制器"命令，在下拉菜单中单击Out-of-Range Types"超出范围类型"，如图5-10所示。

（3）在弹出的对话框中选择Ping Pong"往复"后单击确定，如图5-11所示。

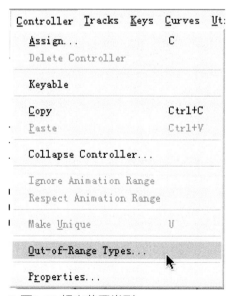

● 图5-10 超出范围类型

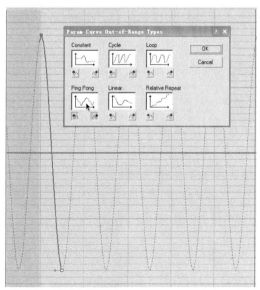

● 图5-11 超出范围类型

5.7 调节移动运动曲线循环

（1）选择Transform"变换"-Position"位置"-X Position"X轴"，右侧出现其曲线效果。选择曲线中任意一个关键点，再选择曲线编辑器的工具中跃阶曲线类型，如图5-12所示。

（2）在命令面板中选择Controller "控制器"命令，在下拉菜单中单击Out-of-Range Types "超出范围类型"，在弹出的对话框中选择Relative Repeat"相对重复"后单击确定按钮，如图5-13所示。

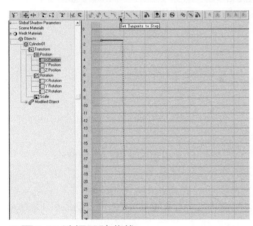
● 图5-12 选择跃阶曲线

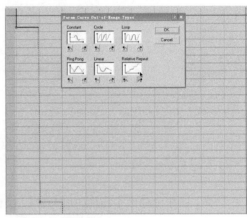
● 图5-13 调整循环

5.8 调节旋转运动曲线循环

（1）用同上的方法，把Rotation"旋转"中 z 轴向的曲线调整成跃阶类型，如图5-14所示。

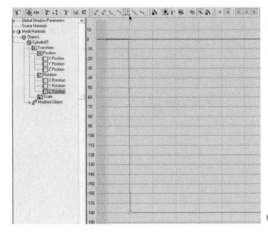
● 图5-14 调整跃阶

（2）同样在命令面板中选择Controller "控制器"命令，在下拉菜单中单击Out-of-Range Types "超出范围类型"，在弹出的对话框中选择Relative Repeat "相对重复" 后单击确定按钮。关闭"曲线编辑器"面板，如图5-15所示。

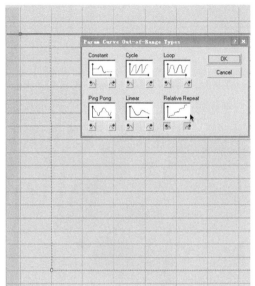

● 图5-15 旋转的曲线调整

（3）在视图中观察圆柱体的运动效果。将模型赋予材质并渲染动画，也可制作场景与其合并，如图5-16所示。

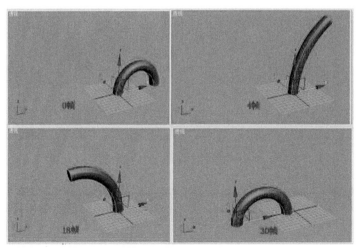

● 图5-16 观察不同时间的运动效果

扩展任务

　　创建书本及书页模型，制作翻页动画并控制不同页码动画时间，制作时可以根据个人要求设计制作更多书页动画效果并加入材质，最终渲染动画，如图5-17所示。

⚠ 特别提示

　　独立设计制作三维动画之前，应考虑先设计出动画脚本，掌控动画整体时间和分段时间以及相应时间段所表现的动画效果。这样就不用像摸着石头过河来做动画，制作时按照脚本的设定调整就会达到事半功倍的效果。

● 第10帧

● 第20帧

● 第30帧

● 第40帧

图5-17 翻书动画效果

学习总结

　　动画制作是3ds Max软件的重要功能，本章重点介绍了3ds Max动画创建的基本命令及调整方法，同学们通过案例制作应该掌握动画制作的一般规律，还可以举一反三，多研究多练习，要灵活掌握Track View-Curve Editor "轨迹视图—曲线编辑器"的曲线调节的应用，为能够独立设计并制作3D动画做好基础准备。

冲击波喷射——
多种特效完美表现

学习目标

通过本项目的制作，掌握 3D 中各种粒子的创建及修改，掌握粒子特效、灯光特效的表现。了解 Video Post 的参数命令，了解动画背景的表现。

任务概述

在 3ds Max 中粒子特效是动画的重要一部分。粒子可以模拟现实中的水、火、雾、气等效果，其原理是将无数的单个粒子组合使其呈现出固定形态，借由控制器来控制其整体或单个的运动，模拟出真实的效果。案例喷射特效是模拟光芒四射的绚丽效果，通过多个粒子喷射的形态再加入发光特效来完成的。

制作流程

创建超级喷射粒子与特效结合，再加入几何体动画完成本案例，如图 6-1 所示。

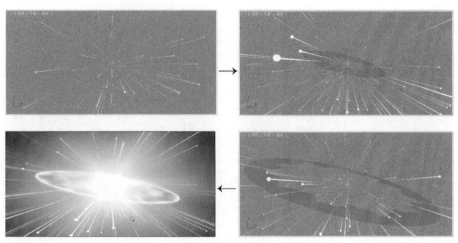

● 图6-1 喷射特效制作流程

6.1 创建粒子动画

（1）单击命令面板中的创建，在几何体面板的下拉菜单中选择粒子系统，在前视图中创建一个超级喷射粒子，如图6-2所示。

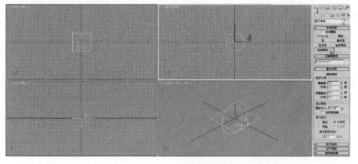

● 图6-2 加入粒子

（2）进入"修改"面板，调整其参数，如图6-3所示。

● 图6-3 调整参数

（3）选择超级喷射粒子1，单击鼠标右键在弹出的快捷菜单中选择复制，复制一个超级喷射粒子2，如图6-4所示。

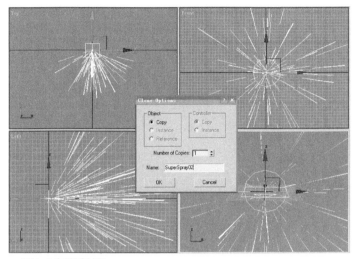

● 图6-4 复制粒子

（4）选择超级喷射粒子2，将粒子类型和选择与碰撞面板中参数进行调整，如图6-5所示。

● 图6-5 修改粒子参数

 6.2 创建粒子材质

（1）同时选择两个粒子，打开"材质"面板，给两个粒子赋予同一个自发光材质，如图6-6所示。

● 图6-6 创建材质

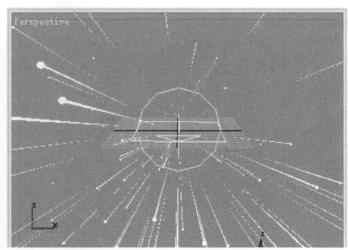

● 图6-7 观察场景

（2）移动时间滑块，观察场景中的效果，如图6-7所示。

6.3 创建冲击波模型

（1）单击命令面板中的创建，在几何体面板的下拉菜单中选择扩展基本体。在顶视图中创建一个特殊的模型RingWave"环形波"。进入到修改面板中调整参数，如图6-8所示。

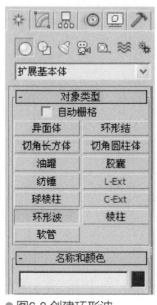

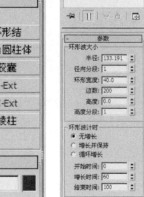

● 图6-8 创建环形波

（2）选择旋转工具，在视图中轻微的旋转一下模型使其略微倾斜一点，如图6-9所示。

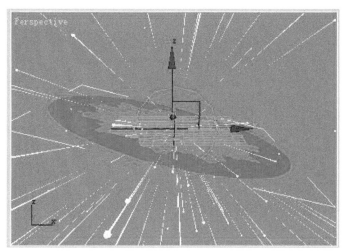

● 图6-9 调整位置

6.4 赋予冲击波材质

（1）打开"材质"面板，选择一个空白的材质球，将Diffuse"漫反射"和Self-Illumination"自发光"的颜色调整为蓝色，如图6-10所示。

（2）单击Diffuse"漫反射"后边的小方块，加入Gradient Ramp"渐变坡度"材质，并调整参数及颜色，如图6-11所示。

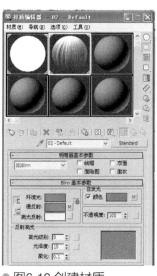

● 图6-10 创建材质

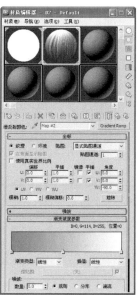

● 图6-11 调整材质

（3）调整后再回到上一层级，按住漫反射后的标有大写"M"的小方块，拖动到自发光的小方块上，进行复制，实际上就是将Gradient Ramp"渐变坡度"材质复制给自发光身上，如图6-12所示。

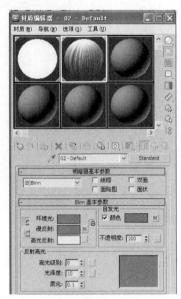

● 图6-12 复制材质

（4）单击不透明度后边的小方块，在弹出的程序贴图中加入位图，找到本案例中的贴图，如图6-13所示。

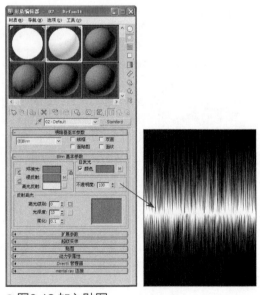

● 图6-13 加入贴图

（5）调整"位图材质"面板中的参数和调整贴图所需的部分，如图6-14所示。

ⓘ 特别提示

调整位图时，可以通过裁剪/放置来调整想要贴图的部分。首先要选中应用，然后单击查看图像弹出"调节材质"面板，通过贴图四周白色范围框来控制所需贴图的范围。

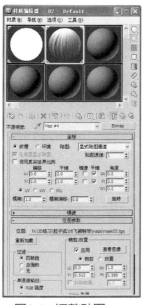

● 图6-14 调整贴图　　　● 图6-15 裁剪贴图

（6）调整范围框确定最终需要贴图的部分，如图6-15所示。

6.5 创建背景贴图

（1）单击"菜单命令"面板中的渲染，在其面板中单击环境，为背景加入一张蓝色的平面图，如图6-16所示。

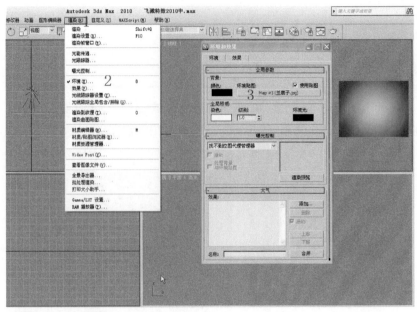

● 图6-16 加入背景

（2）调整好后渲染透视图，如图6-17所示。

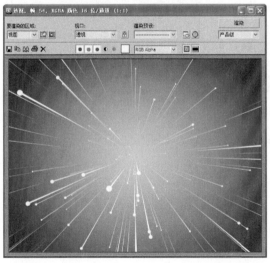

● 图6-17 渲染效果

6.6 创建场景灯光

选择命令栏中创建，选择灯光，在其下拉菜单中选择标准，在顶视图中的粒子播放器中心加入一个泛光灯，如图6-18所示。

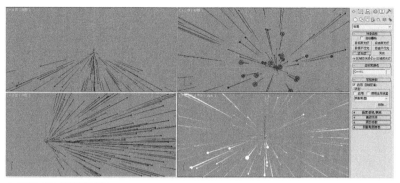

●图6-18 创建灯光

6.7 创建灯光特效

（1）单击命令面板中的渲染命令，在其面板中单击效果。在特效面板中加入Lens Effects "镜头效果"，并在其子特效中依次分别加入Glow "光晕"、Star "星光"、Glow "光晕" 3个特效，如图6-19所示。

（2）选择其中的一个子特效，在Pick Light "拾取灯光"中选择视图中的泛光灯，如图6-20所示。

●图6-19 加入特效

●图6-20 调整特效

（3）选择第一个Glow"光晕"特效，在"光晕元素"面板中调整其参数，如图6-21所示。

（4）选择第二个"Star"星光特效在"星形元素"面板中调整参数，如图6-22所示。

● 图6-21 调整特效

● 图6-22 调整参数

（5）在"星形元素"面板中的Section Color"分段颜色"里，单击Falloff Curve"衰减曲线"，在弹出"调整"面板中增加节点调整曲线效果，如图6-23所示。

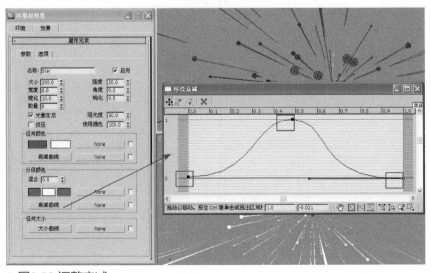
● 图6-23 调整衰减

（6）选择第三个Glow"光晕"特效，在"光晕元素"面板中调整其参数，如图6-24所示。

（7）关闭"效果"面板，单击渲染工具按钮，观察灯光特效，如图6-25所示。

 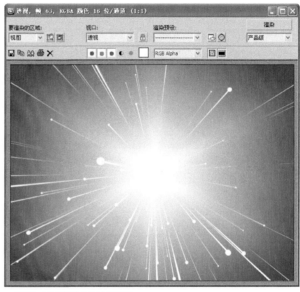

● 图6-24 调整参数　　　　　● 图6-25 渲染特效场景

6.8 创建冲击波动画

（1）在视图中选择环形波物体，进入到"修改"面板中把半径参数更改为0。在动画控件面板中，单击自动关键点，准备记录动画。调整时间滑块到第40帧位置，更改环形波物体"修改"面板中半径的参数为230，如图6-26所示。

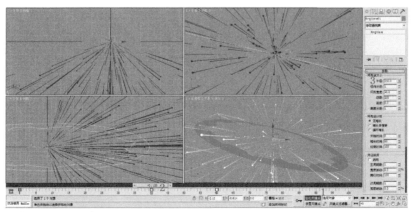

● 图6-26 记录动画

（2）同样方式调整时间滑块到第60帧位置，更改环形波物体"修改"面板中半径的参数为9500。调整完后关闭自动关键点，如图6-27所示。

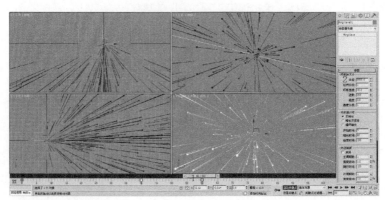

● 图6-27 记录动画

(!) 特别提示

为了能够更好地体现将RingWave"环形波"物体从小变大达到爆发出来的效果，应考虑动画节奏的变化，从出现到变大速度应慢一些，到达中间位置时向外扩散时速度突然变快，直至消失，这样效果会更逼真一些。制作者应该体会时间节奏的变化。

6.9 创建粒子特效

（1）在视图中同时选择两个粒子，单击鼠标右键在弹出的快捷菜单中选择对象属性命令，在其面板中的G-Buffer"G缓冲区"命令下为其指定Objet ID"对象ID"为2。单击确定关闭命令面板，如图6-28所示。

（2）在视图中选择RingWave01"环形波"物体，同上的操作为其属性指定Objet ID"对象ID"为3。

● 图6-28 创建粒子ID

● 图6-29 创建模型ID

单击确定关闭命令面板，如图6-29所示。

（3）选择菜单命令面板中的渲染，在下拉菜单中选择Video Post，在弹出的"Video Post视频特效"面板中按顺序依次加入透视和镜头效果光晕特效命令，如图6-30所示。

！特别提示

Video Post(视频合成器)是3ds Max中的一个集编辑、合成与特效处理与一体的工具。渲染器通过加载滤镜为场景提供特效，然后就能得到非常优秀的特效效果。简单地说就是一个滤镜工具。对于制作特效动画或者优秀的效果图此工具是必须要掌握的。

特别注意的是使用该工具必须首先创建一个观察视窗，比如透视窗或者摄像机视窗，否则将不能渲染出特效效果。另外左侧事件命令层级关系最好是并列的，这就需要在创建特效时，不要选择左侧任何的命令。

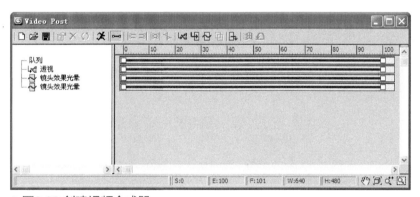

● 图6-30 创建视频合成器

（4）双击镜头效果光晕特效命令，在打开面板中选择设置命令，进入其参数面板中。第一次打开需要单击上端的预览Preview和VP队列VP Queue按钮来进行效果预览。在属性面板中选中对象ID并更改参数为2，如图6-31所示。

● 图6-31 调整参数

（5）选择"首选项"面板，调整大小等面板参数。调整后单击确定，如图6-32所示。

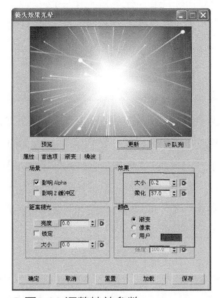

● 图6-32 调整特效参数

（6）以同样的方式双击选择第二个镜头效果光晕特效，在弹出面板中选择设置进入调整面板，在属性面板中选中对象ID并更改参数为3，如图6-33所示。

● 图6-33 调整参数

（7）选择"首选项"面板，调整大小等面板参数。调整后单击确定，如图6-34所示。

● 图6-34 调整特效参数

（8）在"Video Post"面板中选择输出按钮，在弹出面板中单击文件，在其内部设置保存路径、文件名及动画格式，单击确定，如图6-35所示。

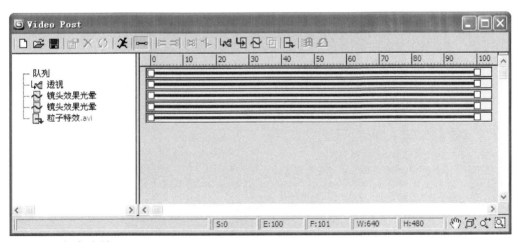

● 图6-35 保存文件

6.10 渲染动画场景

（1）单击工具栏中的执行序列工具，在时间输出中选择范围，确定后边的时间节点无误，单击下端的渲染，观看其渲染后的特效效果，如图6-36所示。

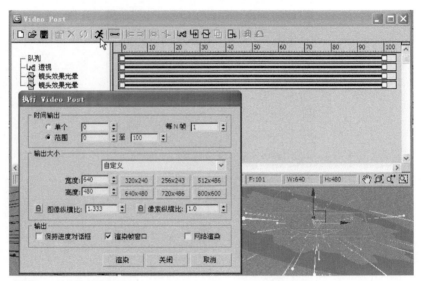

● 图6-36 渲染场景

（2）最终特效效果如图6-37所示。

● 图6-37 渲染单帧效果

扩展任务

通过粒子流粒子完成特效制作，如图6-38所示。

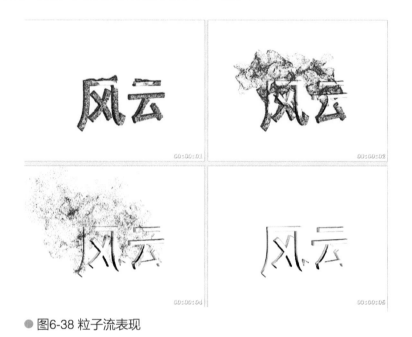

● 图6-38 粒子流表现

ⓘ特别提示

　　粒子流粒子是3ds Max 中最为强大的粒子，用于创建各种复杂的粒子动画。它可以自定义粒子的行为，测试粒子的属性，并根据测试结果将其发送给不同的事件。在Particle View粒子视图中可以可视化地创建和编辑事件，而每个事件都可以为粒子指定不同的属性和行为。粒子流系统基本上像是一段能够产生粒子的程序。这段程序可以影响粒子的运动、改变粒子的属性、测试粒子与场景中其他对象的相互作用，并且可以定义每个时间点上粒子的状态和行为。

学习总结

　　粒子动画和特效是三维动画中不可或缺的部分，通过粒子加特效可以完成很多优秀的效果出来。因此掌握粒子的制作手法和特效的表现在动画制作中尤其重要。

3ds Max

实训应用篇

本篇重点介绍3D动画中影视片头的制作手法，通过生动的案例，全面阐述动画中常用的技术手法和组合方式。读者可以采用举一反三，循序渐进的方式创作3D动画。

07 绚丽的标题文字——
材质也能变魔术

学习目标

通过本项目的制作，灵活运用动画调整中的轨迹视图，掌握动画制作中的时间控制，了解材质动画制作过程及创建三维物体粒子喷射效果。

任务概述

在 3D 中利用多种技术手段来完成动画制作是必不可少的，这需要制作者掌握建模、材质、灯光、动画等方面的各种操作技能。

制作流程

创建文字物体，制作文字变换动画并全部显示，生成粒子洒落动画和背景动态效果，如图 7-1 所示。

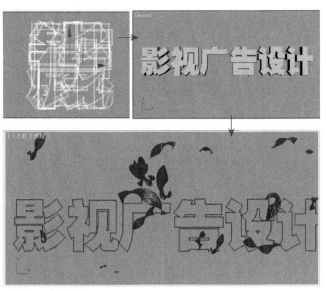

● 图7-1 制作流程

7.1 创建标题文字

单击命令面板中的"创建"面板,选择图形按钮,在"样条线"面板中单击文本,在前视图中单独创建标题文字,并分别加入Bevel"倒角"修改器进行处理,如图7-2所示。

(!) 特别提示

本案例中标题文字的创建是需要一个一个创建的,也就是每个文字都是单独的个体存在的。

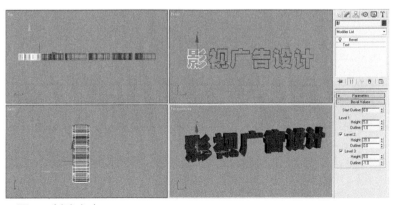

● 图7-2 创建文字

7.2 文字对齐和成组

（1）按住键盘"Ctrl"键，在视图中分别选择"影"、"视"、"广"、"告"、"设""计"，进行多个物体的选择。在工具栏中选择对齐工具，单击"广"字进行对齐操作。在弹出的对齐对话框中，将 x、y、z 3个轴向全部选中，并选择Current Object"当前对象"和Target Object"目标对象"中的Center"中心"选择项，如图7-3所示。

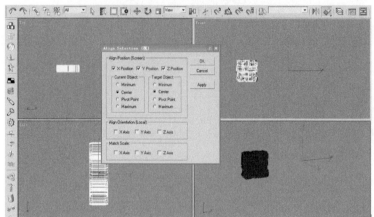

● 图7-3 移动文字

（2）在视图中框选全部文字，选择菜单命令面板中的组，在弹出菜单中选择成组，把标题文字全部进行成组操作，如图7-4所示。

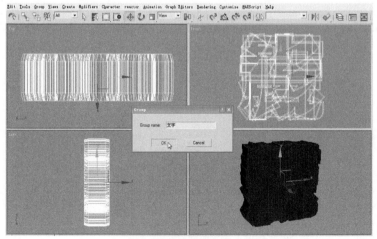

● 图7-4 成组

（3）在工具栏中分别选择旋转工具和角度捕捉切换工具，在顶视图中将文字按照 z 轴旋转90°，如图7-5所示。

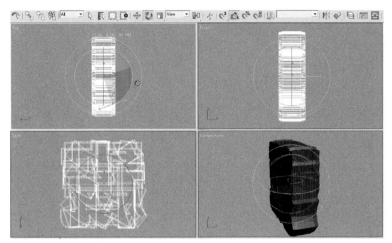

● 图7-5 旋转文字

 7.3 调整动画时间

在动画控件区域中，单击时间配置按钮，在弹出的面板中将时间长度调整为300帧，如图7-6所示。

● 图7-6 调整时间

 7.4 生成文字动画

（1）单击Auto Key"自动关键点"准备记录动画，并且调节时间滑块到第7帧处，如图7-7所示。

● 图7-7 记录动画

（2）选择成组文字，在顶视图中旋转文字沿 z 轴旋转-90°，如图7-8所示。

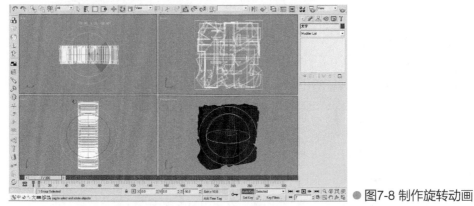

● 图7-8 制作旋转动画

（3）继续调节时间滑块到第30帧处，如图7-9所示。

● 图7-9 调整滑块

（4）在顶视图中再次旋转文字 z 轴为90°，如图7-10所示。

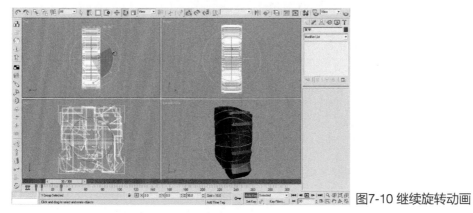

图7-10 继续旋转动画

（5）选择在时间滑块下边第7帧的关键帧，按住键盘"Shift"键，复制到第25帧处。这样第7帧和第25帧里的所有动画信息都是一致的，换句话说就是第7帧到第25帧是保持不动

3ds Max
三维动画制作项目式教程

的。关闭Auto Key"自动关键点",如图7-11所示。

● 图7-11 复制关键帧

（6）选择菜单命令中的图形编辑器，在下拉菜单中选择轨迹视图-曲线编辑器，进入到轨迹曲线视图中，找到文字选择 z 轴中的曲线，选择第7帧和第25帧关键点，将曲线样式换成加速效果，如图7-12所示。

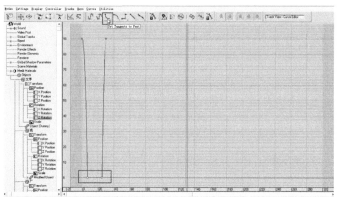

● 图7-12 调节曲线

（7）在曲线编辑器视图中，选择菜单栏控制器，在下拉菜单中选择超出范围类型命令，在弹出的"命令"面板中将曲线调节成Loop"循环"动画，单击确定关闭循环面板，如图7-13所示。

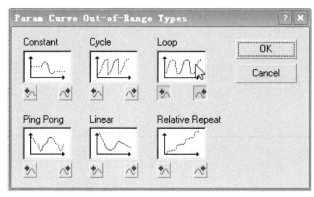

● 图7-13 创建循环

（8）保持Z Rotation"Z轴旋转"命令选择状态，在菜单栏中选择Curves"曲线"：Apply-Ease Curve"应用—减缓曲线"，如图7-14所示。

099

! 特别提示

Ease Curve "指定减缓曲线"可以控制物体的运动，特别是循环运动。曲线倾斜
角度越大，控制动作越快，当曲线成为水平状态时控制动作也将停止。

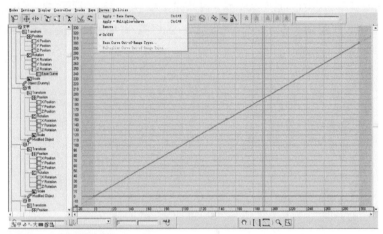

● 图7-14 设置减缓曲线

（9）选择第一个关键帧，在其身上单击鼠标右键，弹出快捷命令面板，调节输出曲线
类型为匀速曲线；再分别用同样的方法调节第二关键帧和第三关键帧的参数及曲线类型。调
整完后观察曲线，曲线在190帧以后成为直线，这样循环动作在190帧位置以后将停止运
动。关闭曲线编辑器，如图7-15所示。

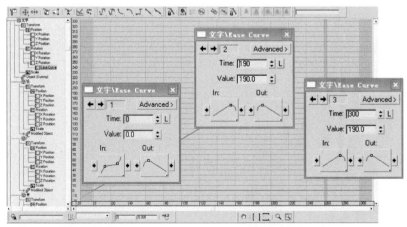

● 图7-15 调整时间参数

（10）在菜单栏中选择组，在下拉菜单中选择打开命令，将文字组打开，如图7-16所示。

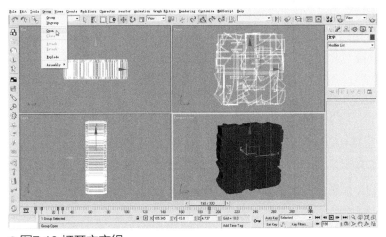

● 图7-16 打开文字组

（11）在设置动画区域打开Auto Key "自动关键点"，准备记录动画，同时将时间滑块调整到190帧位置，如图7-17所示。

● 图7-17 调整时间滑块

（12）在前视图中选择移动工具，分别移动"影"、"视"、"广"、"告"、"设""计"到相应的位置，如图7-18所示。

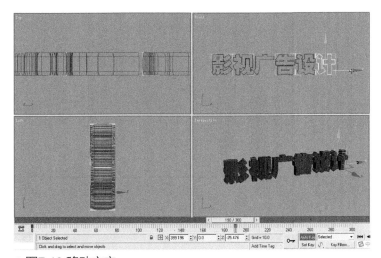

● 图7-18 移动文字

（13）选择菜单命令中的图形编辑器，在下拉菜单中选择轨迹视图-曲线编辑器，进入到轨迹曲线视图中，在左侧选择面板中选择文字"计"/位置/X位置，在右侧调整区域中选择第一帧，在其身上点击鼠标右键，在弹出快捷面板中调整时间为180帧。用同样的方法调整"影"、"视"、"广"、"告"、"设" X位置的第一帧到180帧。所有的文字移动动画开始时间调好后，关闭曲线编辑器，如图7-19所示。

ⓘ 特别提示

利用自动关键点记录生成的动画，默认开始帧都是在第0帧位置上，在本案例中，文字组合是在停止旋转动画后才进行单独文字移动动画的，因此应该将单独文字的开始运动时间调整到文字组合运动结束后进行。因为文字组旋转动画是在180帧结束，因此需要将单独文字移动动画开始时间调节到180帧位置上，如图7-19所示。

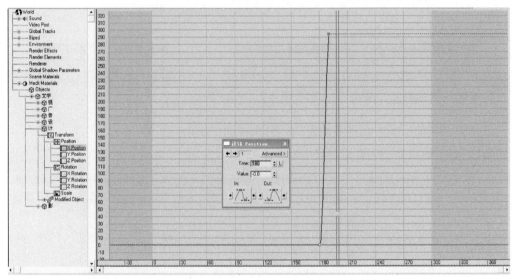

● 图7-19 调整曲线

7.5 创建摄像机动画

（1）将时间滑块调节到第0帧处，在顶视图中正前方创建一个摄像机，调节其他视图让旋转动画是正对着摄像机视图，在透视图中按键盘"C"键，变成摄像机视窗，如图7-20所示。

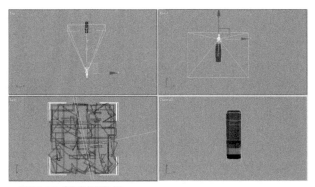

● 图7-20 创建摄像机

（2）打开Auto Key"自动关键点"，将时间滑块调整到190帧位置，在顶视图移动摄像机位置，观看摄像机视图是否将所有文字都包含进来。移动摄像机开始时间从0帧调整到180帧位置，如图7-21所示。

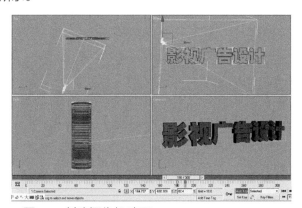

● 图7-21 创建摄像机动画

（3）将时间滑块调整到200帧位置上，调整摄像机位置，使其正对着文字进行拍摄。调整完后关闭Auto Key"自动关键点"，如图7-22所示。

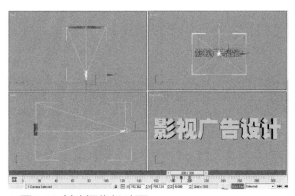

● 图7-22 创建摄像机动画

（4）选择摄像机目标点，将开始时间调整到180帧位置，调整时间滑块观察场景运动效果，如图7-23所示。

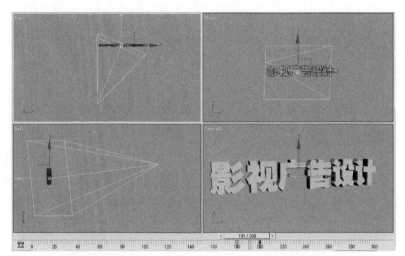

● 图7-23 观察视图

7.6 制作漩涡材质贴图

（1）打开材质编辑器，选择第一个空白的材质球，更改材质球的名字"影"，将明暗器基本参数命令面板中的光照类型变成Metal"金属"；调节漫反射颜色。将材质赋予给第一个字"影"，如图7-24所示。

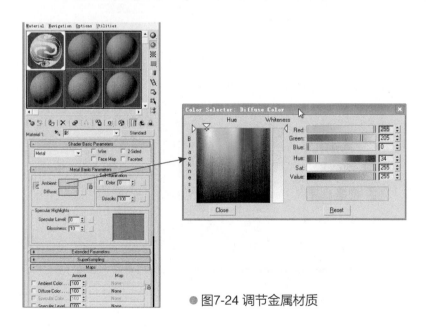

● 图7-24 调节金属材质

（2）打开Maps"贴图"面板，找到Reflection"反射通道"，单击后边长条，在弹出的程序贴图面板中加入Swirl"漩涡"贴图。调整其颜色及参数，如图7-25所示。

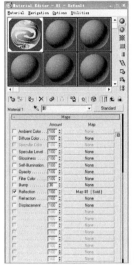

● 图7-25 设置涡旋贴图

（3）分别调整基本色和漩涡色两种颜色，调整相关参数，如图7-26所示。

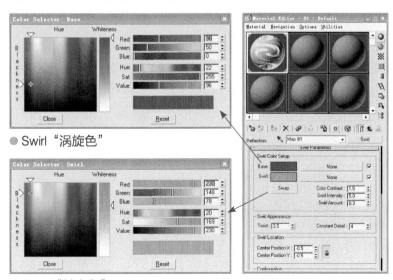

● Swirl"涡旋色"

● Base"基本色"

● 图7-26 调整贴图

7.7 制作混合材质动画

（1）单击转到父对象工具，回到最上一个层级，单击Standard"标准"按钮，在程序面板中加入Blend"混合"材质，在弹出的替换材质面板中选择将旧材质保存为子材质，如

图7-27所示。

● 图7-27 创建混合材质

（2）在Blend"混合"材质面板中，单击材质2后的长条，进入到标准材质面板中，将其中的Opacity"不透明度"调整为0，如图7-28所示。

ⓘ 特别提示

混合材质是可以通过两种方法进行混合，一种是通过遮罩贴图来将两个材质混合在一起的特殊材质类型，为了能将两个材质混合的更好一些，一般情况下遮罩材质都是选择黑白贴图。另外一种是通过调整混合量来完成两种材质的混合，本案例中采用的就是通过混合量来制作的。

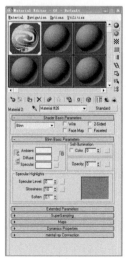

● 图7-28 调整不透明度参数

（3）单击转到父对象工具，回到上一个层级，将动画控件区域的时间滑块调整到第0帧，将材质面板中的Mix Amount"混合量"调整为100。这时材质为透明材质效果。如图7-29所示。

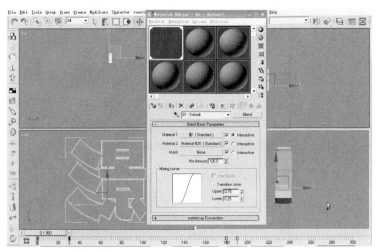

● 图7-29 调整混合量

（4）将时间滑块调整到第1帧位置，打开Auto Key"自动关键点"按钮，准备动画记录，将Mix Amount"混合量"参数调整为0。这时材质在0~1帧内转变为金属材质。接着将时间滑块调整到30帧，将Mix Amount"混合量"参数调整为1，如图7-30所示。

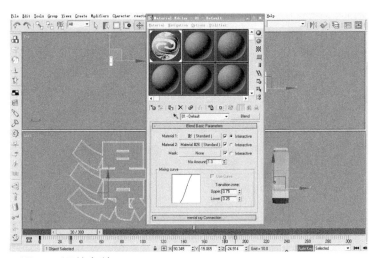

● 图7-30 调整参数

（5）将时间滑块调整到31帧，将Mix Amount"混合量"参数调整为100。关闭Auto Key"自动关键点"。移动0~30帧时间滑块，观看材质效果由无到有、再由有到无的变化过程，如图7-31所示。

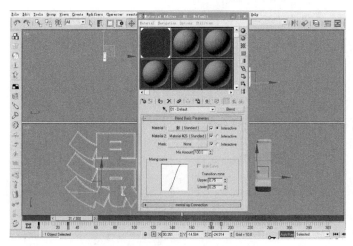

● 图7-31 创建贴图动画

7.8 创建并调整"摄影表"

选择菜单命令中的图形编辑器，在下拉菜单中选择轨迹视图-摄影表，进入到轨迹视图中，在左侧命令面板中找到"影"扩展菜单中的Mix Amount"混合量"，然后在右侧调整面板中分别复制0帧到180帧位置上，复制1帧到190帧位置上。调整完毕后关闭轨迹视窗，如图7-32所示。

 特别提示

标题文字在180帧时是要全部显示并横向移动出来，因此才把180帧和190帧分别赋予了无和有的关键帧信息。

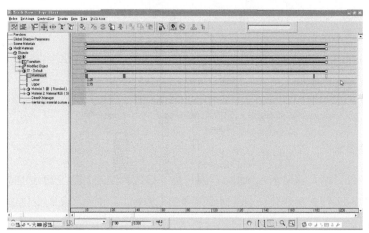

● 图7-32 调整摄影表

7.9 复制材质

打开材质编辑器，将第一个材质球依次进行复制，并更改每一个材质名称。再分别将每一个材质对应名称赋予不同的文字，如图7-33所示。

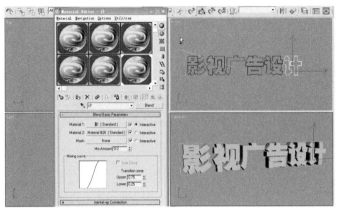

● 图7-33 复制材质

7.10 创建并调整"曲线编辑器"

（1）选择菜单命令中的图形编辑器，在下拉菜单中选择轨迹视图-曲线编辑器，进入到轨迹视图中，因本案例开始动画时是显示有标题文字的，因此将第一个文字"影"的Mix Amount"混合量"第一帧时间改为-1帧位置上，将第二帧的时间改为0，如图7-34所示。

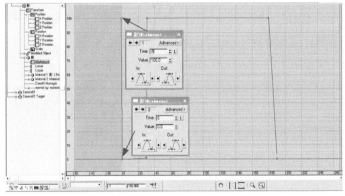

● 图7-34 调整混合量参数

（2）选择第二个文字"视"，将Mix Amount"混合量"右侧的 0、1、30和31关键帧时间全部选择向后移动后30帧位置。时间节点是30~61帧上，也就是第一个文字运动完后，接着是第二个文字开始运动，如图7-35所示。

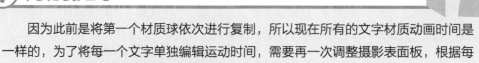

特别提示

　　因为此前是将第一个材质球依次进行复制，所以现在所有的文字材质动画时间是一样的，为了将每一个文字单独编辑运动时间，需要再一次调整摄影表面板，根据每个字体出现的时间不同调整关键帧位置。

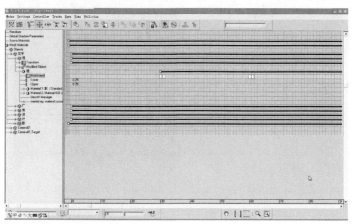

● 图7-35 调整混合量时间

　　（3）用同样的方法，再分别选择其他几个文字，依次往后移动关键帧。最后一个文字有点特别，该材质的第二次渐隐动画正好产生在字体形体的展开动作的开始处，所以该渐隐效果可以省去。在轨迹视窗内将最后一个文字的30、31、180帧选择后删除。接着将0、1帧处的关键帧选择，调整到150帧位置上。完成后关闭摄影表。播放动画，并在每一个文字旋转到正面时渲染观察，看看效果是否正确，如图7-36所示。

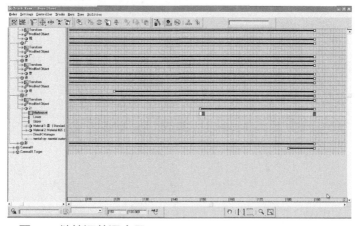

● 图7-36 继续调整混合量

7.11 制作场景背景动画并渲染场景

（1）打开材质编辑器，选择一个空白的材质球，改名为背景色，将漫反射加入 Checker"棋盘格"材质，如图7-37所示。

（！）特别提示

因软件版本不同，赋予背景贴图的方式也有所改变，在2009版本之前是可以直接按着鼠标左键拖拽编辑好的材质球到环境贴图按钮上；在现在更高的软件版本里，取消了直接拖曳的方法，这就需要操作者首先打开"菜单"面板中渲染/环境，在环境贴图中选择相关的贴图即可，例如本案例中直接选择棋盘格贴图，后边的操作完全相同。

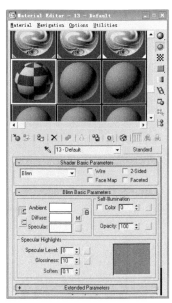 

● 图7-37 调整背景色材质　　● 图7-38 创建平铺材质

（2）在Checker"棋盘格"材质面板中调节Tiling"平铺"参数及棋格的颜色，如图7-38所示。

（3）打开Auto Key"自动关键点"按钮，准备动画记录，调整时间滑块到15帧，改变 Tiling"平铺"参数为1.5和1，减少棋格的分格数目，如图7-39所示。

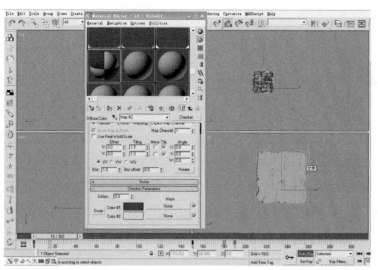

● 图7-39 创建动画

（4）再将时间滑块调整到30帧，将Tiling"平铺"参数改回原来的数值3和3。这时在
0~30帧的时间内将产生背景缩放动画，如图7-40所示。

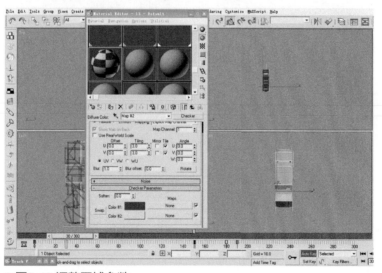

● 图7-40 调整平铺参数

（5）制作背景贴图的变色及旋转效果。保持Auto Key"自动关键点"打开状态，然后
将时间滑块调整到210帧位置，调整材质Angle"角度"中的W轴为360度。接着将两个棋格
颜色变换一下。关闭材质球面板和Auto Key"自动关键点"，如图7-41所示。

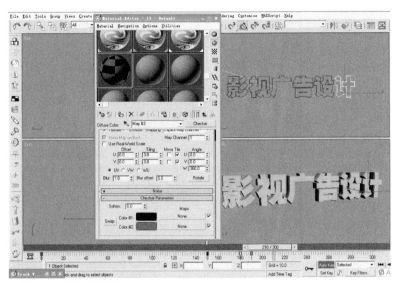

● 图7-41 创建旋转动画

（6）为了使背景贴图能根据动画动作产生相应变化，还要对其关键帧进行调整。打开轨迹视图-摄影表视窗，在左侧选择背景色里边的分支，分别将W Angle"W角度"、Color1"颜色1"和Color2"颜色2"开始关键帧位置调整到180帧处，如图7-42所示。

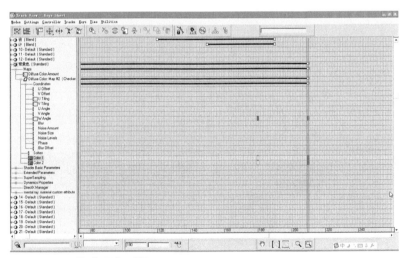

● 图7-42 调整背景色时间

（7）切换到曲线编辑视窗，再分别为背景色里的U Tiling"U向平铺"和V Tiling"V向平铺"进行循环处理，如图7-43所示。

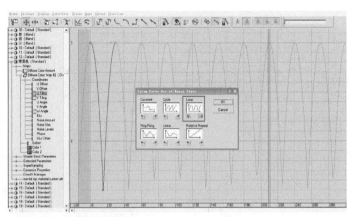

● 图7-43 创建循环处理

（8）为控制U Tiling "向平铺"和V Tiling "V向平铺"循环时间，再分别为两个参数在菜单栏的曲线中加入Ease Curve "减缓曲线"控制，使这两段循环只在0~180帧处运动，调节参数，如图7-44所示。

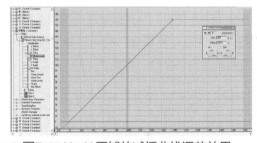
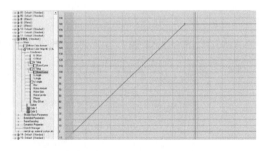

● 图7-44 U、V 平铺的减缓曲线调节效果

（9）渲染单帧的效果，如图7-45所示。

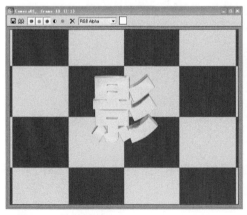
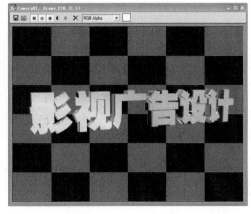

● 图7-45 单帧渲染

扩展任务

利用修改器命令完成动画，并通过轨迹视窗完成时间变化及调整，如图7-46所示。

● 图7-46 综合案例

学习总结

通过本项目的综合演练，对 3D 动画制作有了更深刻的了解，特别是轨迹视窗中对时间的把握和对粒子特效的表现是此次项目练习中的重点和难点。在后边的设计制作中，可以举一反三，表现不同的场景，这样学习就不会感到很呆板。

08 片头设计制作——
综合手法来表现

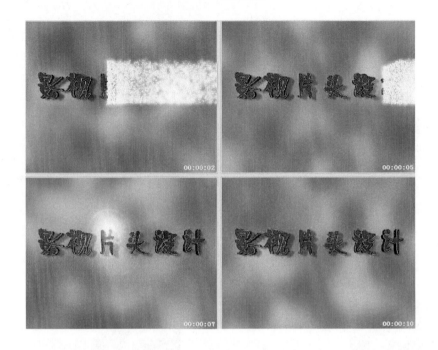

学习目标

通过本项目的实施，掌握三维片头动画的制作流程，掌握更加细节的动画表现及制作手法，了解复杂特效表现及动画画面输出。

任务概述

三维制作是栏目包装重要的技术手段，在各式的栏目片头中经常能够看到 3D 制作的手段。在制作过程中要注意时间的把握，多个动画需要配合才能完成。

制作流程

本项目主要是通过文字效果配合粒子、灯光特效进行表现，另外背景动画效果是通过材质动画完成的，如图 8-1 所示。

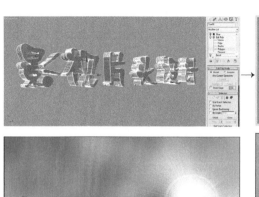
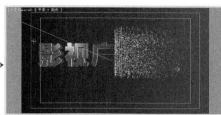

● 图8-1 制作流程

8.1 创建标题文字模型

（1）在动画控件区域中，单击时间配置按钮，在弹出的面板中将时间长度调整为320帧；在帧数率下更改动画制作制式为PAL，如图8-2所示。

特别提示

PAL制式是电视广播中色彩编码的一种方法。全名为 Phase Alternating Line 逐行倒相。除了北美，东亚部分地区使用 NTSC ，中东、法国及东欧采用 SECAM 以外，世界上大部份地区都是采用 PAL。PAL每秒25帧（格），NTSC每秒29.97帧（简化为30帧），Film电影每秒24帧。

● 图8-2 设置动画时间

（2）单击命令面板中的创建，选择图形按钮，在"样条线"面板中单击文本，在前视图中创建标题文字，调整文字字体，如图8-3所示。

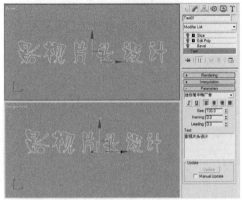

● 图8-3 创建文字

（3）进入"修改"面板，为标题文字加入Bevel"倒角"修改器，调整参数，如图8-4所示。

● 图8-4 加入倒角

8.2 创建金属文字材质

（1）在"修改"面板中再加入Edit Poly"编辑多边形"修改器，选择次物体层级命令中Polygon"多边形"，在视图中选择正对着前面的面，如图8-5所示。

图8-5 选择面

（2）再到左视图中按住键盘"Ctrl"键选择文字的侧后面。现在文字除了前边有斜角的面没有选择以外，其他面都是选择状态。在修改面板中找到多边形：材质ID面板，在Set ID "设置ID"后边的参数面板中输入1，如图8-6所示。

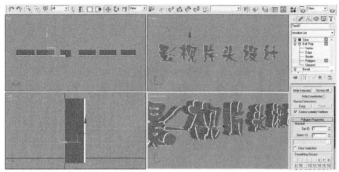

● 图8-6 继续选择面

（3）选择菜单命令Edit "编辑"，在下拉菜单中选择Select Invert "反选"，这时文字选择的面是有斜角的面，如图8-7所示。

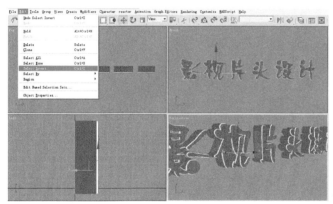

● 图8-7 反向选择面

（4）在"修改"面板中找到多边形：材质ID面板，在Set ID "设置ID"后边的参数面板中输入2，如图8-8所示。

● 图8-8 设置ID号

（5）在"工具"面板中打开材质编辑器，单击Standard"标准"按钮，在程序贴图面板中加入多维/子对象材质，在弹出的"替换材质"面板中选择将旧材质保存为子材质。在"多维/子对象材质"面板中，单击设置数量按钮，弹出的面板中将材质数量改为2，如图8-9所示。

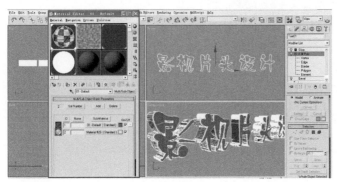

● 图8-9 赋予材质

（6）单击进入第一个标准材质面板，调整参数，如图8-10所示。

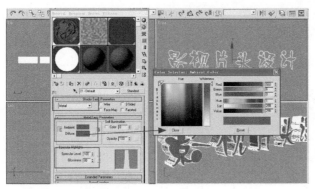

● 图8-10 调整材质

（7）打开Maps "贴图"面板，找到Reflection"反射通道"，单击后边长条，在弹出的程序贴图面板中加入一个带有动画的反射贴图，如图8-11所示。

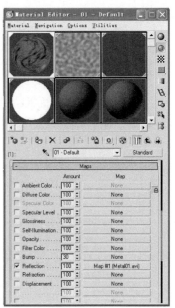

● 图8-11 创建反射贴图

（8）加入的贴图效果如图8-12所示。

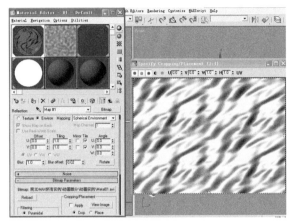

● 图8-12 加入贴图

（9）单击两次转到父对象工具，回到最上一个层级；选择第二个ID标准材质面板，调整参数，如图8-13所示。

（10）打开Maps"贴图"面板，找到Reflection"反射通道"，单击后边长条，在弹出的程序贴图面板中加入一张反射贴图，如图8-14所示。

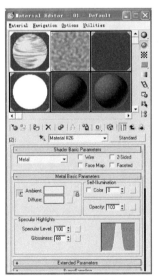
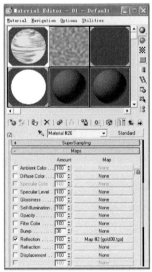

● 图8-13 创建ID2材质　　　● 图8-14 加入反射贴图

（11）调整反射贴图面板参数。单击两次转到父对象工具，回到最上一个层级；将第一个材质球赋予给标题文字模型；调整完关闭"材质编辑器"面板，如图8-15所示。

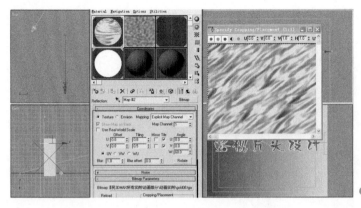

● 图8-15 调整贴图

8.3 制作标题切片动画

（1）在"文字修改"面板中加入Slice"切片"修改器，选择次物体面板中的Slice Plane"切片平面"，通过旋转工具旋转90°，使切片的范围框立起来，如图8-16所示。

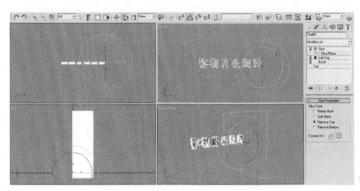

● 图8-16 创建修改器

（2）在前视图中将切片范围框移动到文字的最左边，选择参数面板中的相应选项，将文字隐藏起来，如图8-17所示。

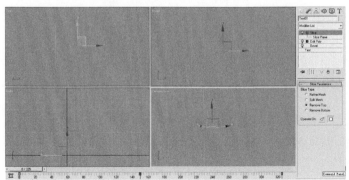

● 图8-17 调整修改器
范围框

（3）打开Auto Key "自动关键点"按钮，准备动画记录，将时间滑块调整到150帧处，移动切片范围框到文字的右侧，将文字全部显现出来。关闭Auto Key "自动关键点"按钮。关闭切片修改器的次物体层级命令，如图8-18所示。

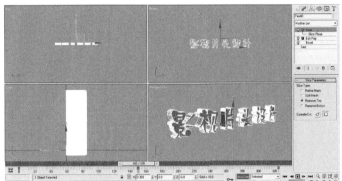

● 图8-18 创建动画记录

8.4 创建场景摄像机

在顶视图中创建一个Camera01 "摄像机"，调整并观察摄像机的角度和位置，将整个标题文字拍摄其中，调整后单击透视图，按键盘 "C"键切换为Camera01 "摄像机视图"。也可在摄像机视图中打开安全框以便更好地观察构图效果。安全框快捷键为 "Shift+F"，如图8-19所示。

①特别提示

摄像机安全框就是指渲染视窗时的范围，安全框以外的是不会被渲染到的，可以看到安全框分三层，一般做图的原则是把场景物体放在最内层的框范围之内，外圈的部分在做后期的时候是很可能被剪掉的。

安全框

● 图8-19 创建摄像机

8.5 制作场景背景及材质

（1）单击菜单命令面板中的Rendering"渲染"，在其下拉菜单面板中单击Environment"环境"，在 Environment 环境面板中加入一张程序贴图Noise"噪波"，如图8-20所示。

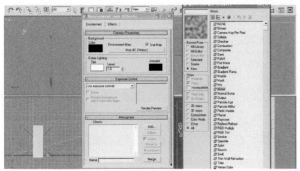

● 图8-20 创建背景贴图

（2）再打开"材质"面板，按住噪波贴图拖曳到一个空白的材质面板中，在弹出的"复制"面板中选择关联复制，调整材质面板参数。调整后关闭"背景"和"材质"面板，如图8-21所示。

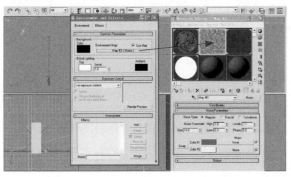

● 图8-21 调整材质参数

（3）在文字的后边创建一个长方体，大小要参照摄像机视图，要将整个摄像机视图全部遮挡，如图8-22所示。

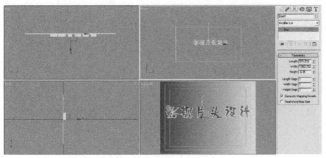

● 图8-22 创建背面模型

（4）在"工具"面板中打开材质编辑器，选择第三个材质球，单击Standard "标准"按钮，在程序贴图面板中加入无光/投影材质，调整参数，并把它赋予给长方体模型，如图8-23所示。

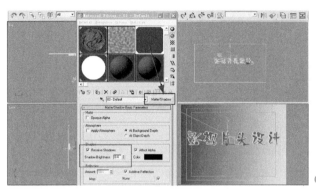

● 图8-23 创建背面模型材质

8.6 创建场景灯光

（1）选择命令栏中创建，选择灯光，在其下拉菜单中选择标准，在文字的右下角创建一个泛光灯，在其他视图中调整位置，如图8-24所示。

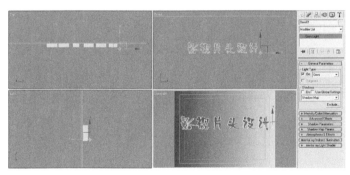

● 图8-24 创建灯光

（2）在顶视图中再创建一个目标平行光，调整位置和参数，如图8-25所示。

● 图8-25 创建第二个灯光

（3）选择摄像机视图并单击渲染工具，观察渲染后效果，如图8-26所示。

● 图8-26 渲染单帧效果

8.7 创建粒子系统及材质

（1）单击命令面板中的创建，在几何体面板的下拉菜单中选择粒子系统，在左视图场景中标题文字的前方创建暴风雪粒子；调整时间滑块可以看到粒子效果；在前视图使用镜像工具沿 x 轴反向镜像，使粒子喷射的方向是向左喷射的，如图8-27所示。

● 图8-27 创建粒子

（2）在工具栏中打开"材质"面板，选择空白的材质球调整漫反射为白色，将自发光颜色数值调整为100，将该材质赋予给暴风雪粒子，如图8-28所示。

（3）在视图中将粒子调整到文字的左边，最好能与文字切片动画开始时的位置统一，这样两者的动画速度一致，就能表现出粒子带出文字的特效效果，如图8-29所示。

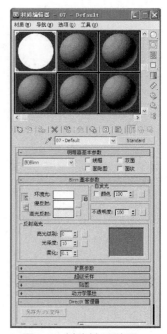

● 图8-28 创建粒子贴图

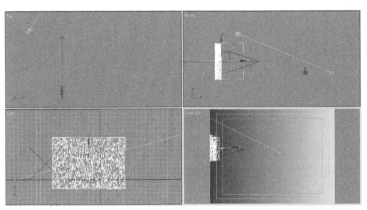

● 图8-29 调整粒子位置

8.8 设置粒子动画及参数

（1）打开Auto Key"自助关键点"，将时间滑块调整到150帧处，移动粒子到文字的右边。关闭Auto Key"自助关键点"，如图8-30所示。

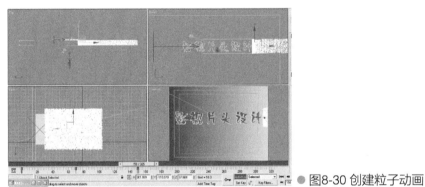

● 图8-30 创建粒子动画

（2）调整暴风雪粒子数量、时间、速度和形态等参数，如图8-31所示。

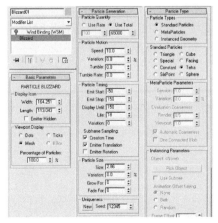

● 图8-31 调整粒子参数

127

8.9 创建风力系统

（1）在右侧命令面板中，单击选择创建命令下的空间扭曲按钮，在其命令面板中选择Wind"风"命令，在左视图中创建一个风力，如图8-32所示。

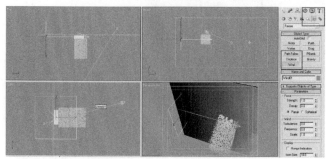

● 图8-32 创建风力

（2）单击工具面板中的空间绑定工具，在视图中按住鼠标左键拖拽将风力和暴风雪粒子进行绑定，如图8-33所示。

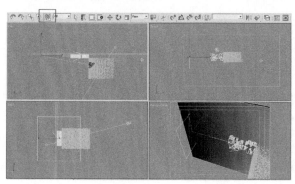

● 图8-33 绑定粒子

8.10 设置暴风雪粒子寿命动画

（1）将时间滑块调整到第0帧，改变粒子寿命的参数为5，如图8-34所示。

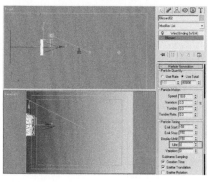

● 图8-34 修改参数

（2）将时间滑块调整到150帧处，打开Auto Key"自助关键点"将粒子寿命调整到45，最后关闭Auto Key"自助关键点"，如图8-35所示。

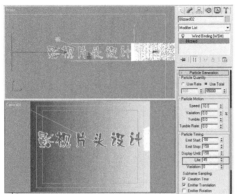

● 图8-35 调整粒子参数

8.11 调整暴风雪粒子属性

（1）选择粒子，在原地复制暴风雪02，以加强粒子的效果，如图8-36所示。

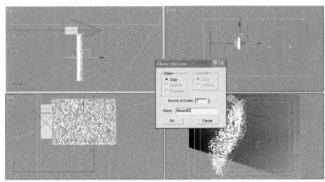

● 图8-36 复制粒子

（2）分别操作选择暴风雪粒子01和02，单击鼠标右键找到其属性面板，调整相应选项和参数，如图8-37所示。

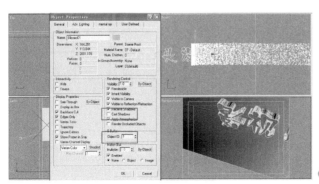

● 图8-37 调整粒子属性

8.12 创建粒子系统特效

（1）选择菜单命令面板中的渲染，在下拉菜单中选择Video Post，在"Video Post"面板中，选择其工具栏中的添加场景事件按钮，首先加入摄像机视图，如图8-38所示。

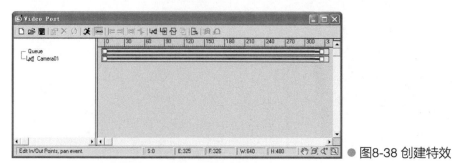

● 图8-38 创建特效

（2）然后再单击其工具面板中的添加图像过滤事件按钮，在下拉按钮中再加入镜头Lense Effects Glow "效果光晕特效"，如图8-39所示。

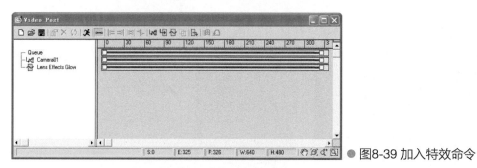

● 图8-39 加入特效命令

（3）双击镜头效果光晕特效命令，在打开面板中选择设置命令，进入其参数面板中。第一次打开需要单击上端的预览Preview和VP队列VP Queue按钮来进行效果预览。调整Properties "属性"，如图8-40所示。

（4）调整首选项Preference "参数"，调整大小和颜色。单击OK "确定"按钮将其关闭，如图8-41所示。

（5）单击在"Video Post"面板工具中的执行序列工具，在时间输出中选择单个，在其后边

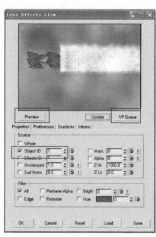

● 图8-40 调整属性参数

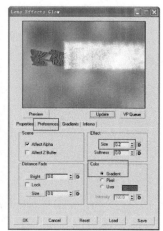

● 图8-41 调整参数

参数中填入50，单击下端的渲染，观看其渲染后的特效效果。关闭"Video Post"面板，如图8-42所示。

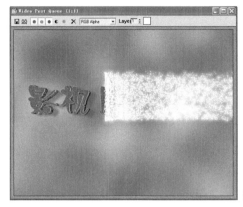

● 图8-42 渲染单帧效果

8.13 创建虚拟体及动画

（1）在右侧命令面板中，单击选择创建命令下的辅助对象按钮，在其命令面板中选择点命令，在前视图中文字左上角加入Point"虚拟体点"（位置放置在文字前端一点就可以），如图8-43所示。

● 图8-43 加入虚拟点

（2）打开Auto Key"自动关键点"，将时间滑块调整到255帧处，横向移动点虚拟体到文字右侧。关闭Auto Key"自动关键点"，如图8-44所示。

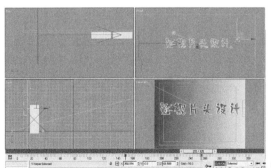

● 图8-44 创建点动画

（3）进入到轨迹视图—曲线编辑器中，调整点的开始位置为150帧，并调节曲线样式为直线类型，如图8-45所示。

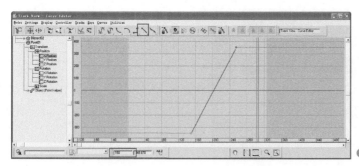

● 图8-45 调整轨迹视图

8.14 创建虚拟体特效

（1）重新打开"Video Post"面板，用上边同样的方法再加入Lense Effects Flare"镜头效果光斑特效"，如图8-46所示。

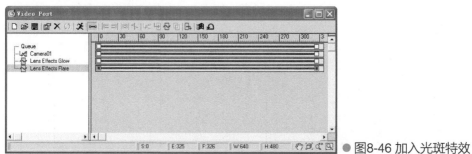

● 图8-46 加入光斑特效

（2）双击镜头效果光斑特效命令，在打开面板中选择设置命令，进入其参数面板中。第一次打开需要单击上端的预览Preview和VP队列VP Queue按钮来进行效果预览。进入其面板中，首先调整整体参数，如图8-47所示。

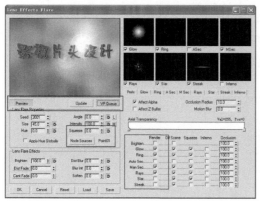

● 图8-47 调整光斑特效参数

（3）进入到Glow"发光"面板，调整其参数，如图8-48所示。

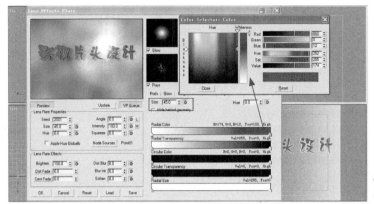

● 图8-48 调整发光特效参数

（4）进入到Ring"光环"面板中，调整参数和径向颜色，如图8-49所示。

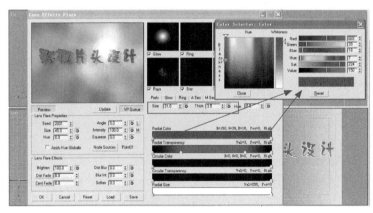

● 图8-49 调整光环特效参数

（5）调整径向透明度颜色参数和位置，如图8-50所示。

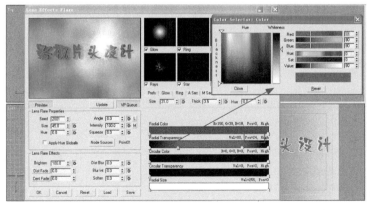

● 图8-50 继续调整参数

（6）继续调整径向透明度颜色参数和位置，如图8-51所示。

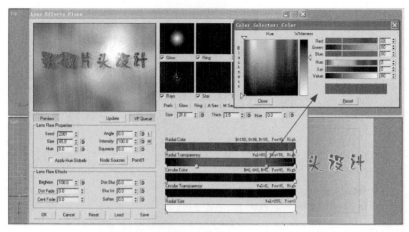

● 图8-51 继续调
整参数

（7）进入Man Sec1调整参数及径向颜色，如图8-52所示。

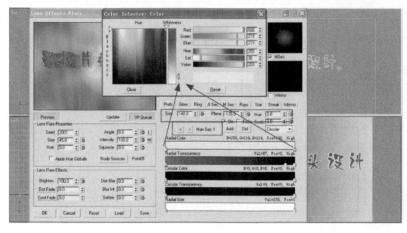

● 图8-52 调整Man

Sec1参数

（8）调整径向透明度颜色及位置参数，如图8-53所示。

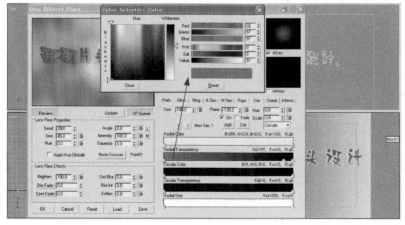

● 图8-53 继续调整
参数

（9）继续调整径向透明度颜色及位置参数，如图8-54所示。

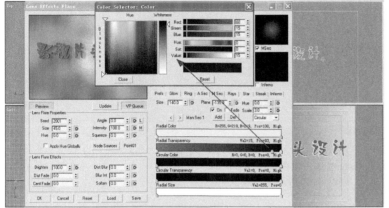

● 图8-54 继续调整参数

（10）进入Man Sec2面板中，调整参数及径向颜色，如图8-55所示。

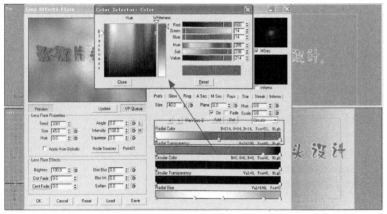

● 图8-55 调整Man Sec2参数

（11）继续调整径向颜色参数，如图8-56所示。

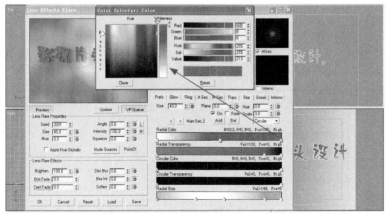

● 图8-56 继续调整参数

（12）调整径向透明度颜色参数，如图8-57所示。

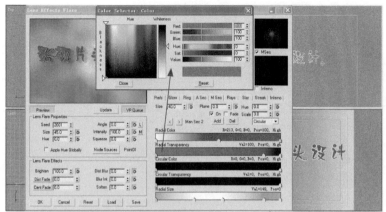

● 图8-57 继续调整
参数

（13）继续调整径向透明度颜色参数，如图8-58所示。

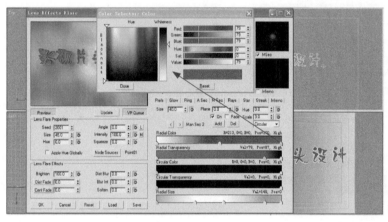

● 图8-58 继续调整
参数

（14）进入Man Sec3面板中，调整参数及径向颜色参数，如图8-59所示。

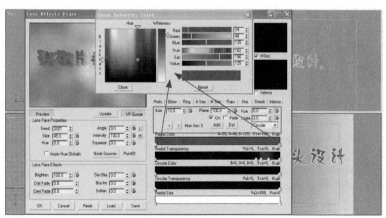

● 图8-59 调整Man
Sec3参数

（15）调整径向透明度颜色参数，如图8-60所示。

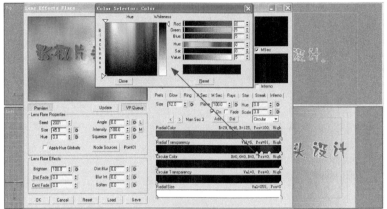

● 图8-60 调节参数

（16）继续调节径向透明度颜色参数，如图8-61所示。

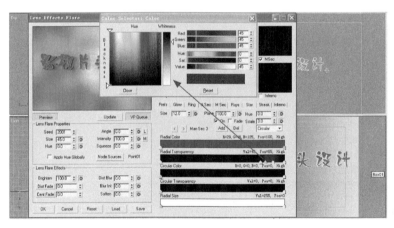

● 图8-61 调节参数

（17）继续调节径向透明度颜色参数，如图8-62所示。

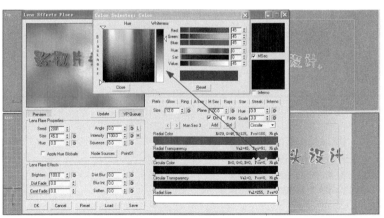

● 图8-62 调节参数

（18）进入Man Sec4面板中，调节参数及径向颜色参数，如图8-63所示。

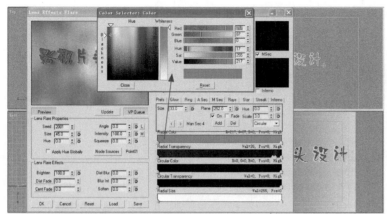

● 图8-63 调节Man Sec4参数

（19）继续调节径向颜色参数，如图8-64所示。

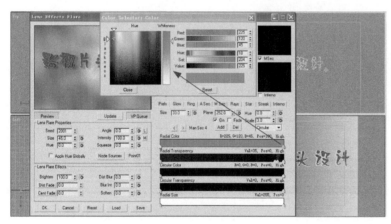

● 图8-64 调节参数

（20）调整径向透明度颜色参数，如图8-65所示。

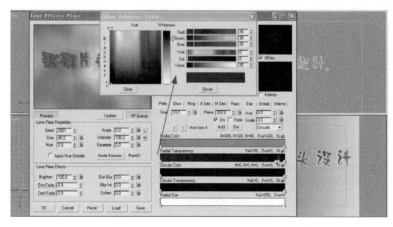

● 图8-65 调节参数

（21）继续调整径向透明度颜色参数，如图8-66所示。

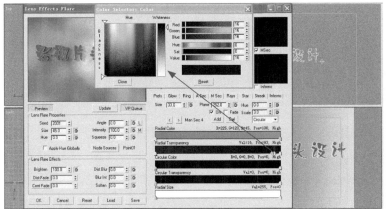

● 图8-66 调整参数

（22）继续调整径向透明度颜色参数，如图8-67所示。

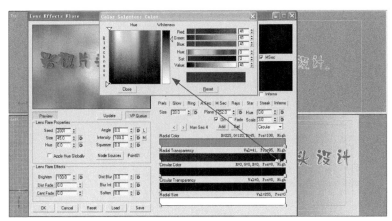

● 图8-67 调整参数

（23）进入Man Sec5面板中，调整参数及径向颜色参数，如图8-68所示。

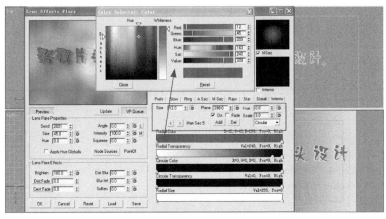

● 图8-68 调整Man

Sec5参数

（24）继续调整径向颜色参数，如图8-69所示。

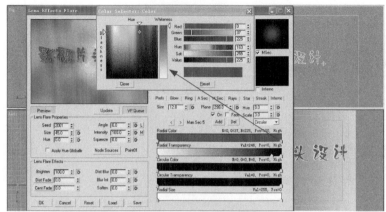

● 图8-69 调节参数

（25）调整径向透明度颜色参数，如图8-70所示。

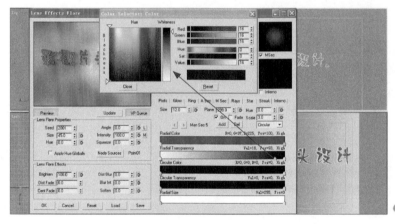

● 图8-70 调节参数

（26）进入Man Sec6面板中，保持默认参数不变即可，如图8-71所示。

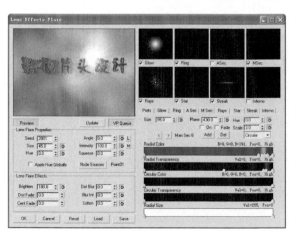

● 图8-71 调节Man Sec6参数

（27）进入到"Ray射线"面板中，调整参数及径向颜色，如图8-72所示。

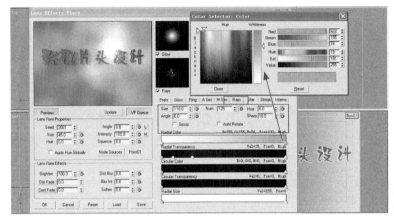

● 图8-72 调整Ray
参数

（28）调整径向透明度颜色参数，如图8-73所示。

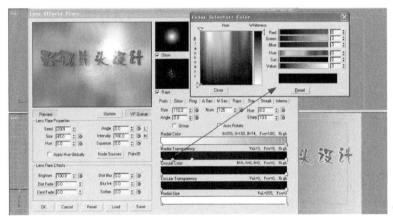

● 图8-73 调整参数

（29）继续调整径向透明度颜色参数。全部参数调整完后单击OK"确定"关闭"特
效"面板，如图8-74所示。

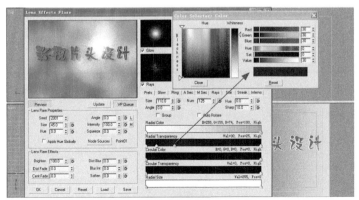

● 图8-74 调整参数

（30）调整后单击OK关闭"特效"面板。由于虚拟体点的特效在动画开始0帧和最后
325帧都会出现效果，故对其出现的时间进行调节。打开曲线轨迹视图，选择Video Post/
Lens Effects Flare/Size进行增加关键帧和参数调整，如图8-75所示。

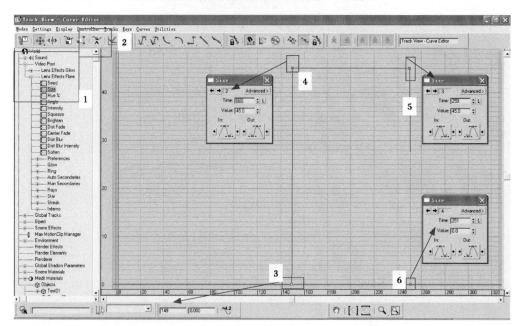

● 图8-75 调整关键帧位置

8.15 渲染动画场景

（1）单击在"Video Post"面板工具中的执行序列工具，在时间输出中选择单个，在其
后边参数中填入225，单击下端的渲
染，观看其渲染后的特效效果，如图
8-76所示。

● 图8-76 渲染单帧的效果

（2）最后在"Video Post"面板中单击工具添加图像输出事件，在其弹出面板中选择文件，调整输出路径、文件名称和保存类型，如图8-77所示。

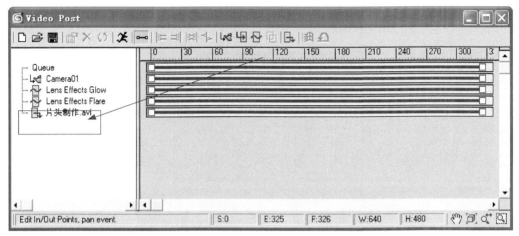

● 图8-77 加入输出命令

（3）单击工具栏中的执行序列工具，在时间输出中选择范围，确定后边的时间节点无误，单击下端的渲染，观看其渲染后的特效效果，如图8-78所示。

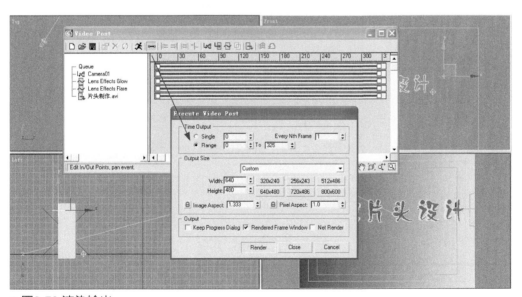

● 图8-78 渲染输出

扩展任务

利用多种技术手法完成综合案例。本案例制作元素较多，可考虑分段输出，最终采用合成的方式完成，如图8-79所示。

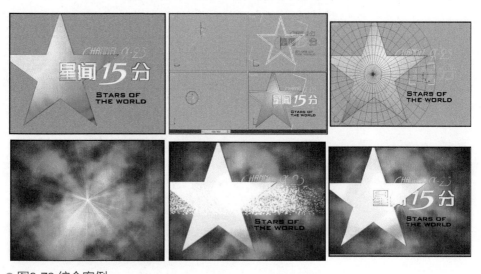

● 图8-79 综合案例

学习总结

本项目的实施有助于对动画设计制作完整的把握，特别是对栏目包装动画制作有了新的认识。如何利用所学知识创建出想要的动画是以后需要继续探索的。3D软件包含的内容非常庞杂，我们只有在不断操作实践中积累经验，做到熟能生巧，才能创作出优秀的动画作品。